拖拉机和联合收割机安全技术检验人员培训教材

拖拉机和联合收割机 安全技术检验及装备

农业农村部农业机械化总站　编

中国农业出版社
北　京

前　言

　　党中央、国务院高度重视安全生产工作，要求必须树立安全发展理念和红线意识，建立健全严格的安全生产责任体系，加强安全生产源头管理，把安全生产隐患当成事故来对待，建立长效机制，坚持经常和长期抓好安全生产。强调要坚持"管行业必须管安全、管业务必须管安全、管生产经营必须管安全"，针对各行业安全生产事故的主要特点和突出问题，层层压实责任，狠抓整改落实，强化风险防控，从根本上消除事故隐患，有效遏制重特大事故发生。

　　农机安全生产是国家安全生产17个重点行业和领域之一，事关农业机械化的安全发展，事关农民群众的生命财产安全，事关农村社会的和谐稳定。近年来，国家的支农、惠农、强农政策，激发了广大农民群众购机用机的积极性，农业机械保有量持续快速增长。到2020年底，全国拖拉机保有量2 204.88万台，联合收割机保有量219.51万台，全国农作物耕种收综合机械化率达到71.25％。拖拉机和联合收割机在促进农业机械化发展的同时，也带来了许多安全生产隐患，农业机械事故时有发生。据统计，2020年，全国发生涉及拖拉机和联合收割机的农机事故 1 990 起、死亡 682 人。其中，相当一部分农机事故是由于安全防护装置缺失、制动失效或作业装置异常等原因造成。拖拉机和联合收割机的安全技术状态不仅影响作业质量，也关系到人民群众的生命财产安全。加强拖拉机和联合收割机的安全技术检验工作，强化注册登记环节的源头管理和在用机的日常管理，及时排除事故隐患，是预防和减少农业机械事故发生最有效的防范措施之一。

为了进一步规范拖拉机和联合收割机的安全技术检验工作，提高农机安全监管能力和水平，保障农机安全生产，根据《农业机械安全监督管理条例》《拖拉机和联合收割机登记规定》《拖拉机和联合收割机安全技术检验规范》等法规标准要求，农业农村部农业机械化总站组织编写了全国统编教材《拖拉机和联合收割机安全技术检验及装备》一书。

本书结合现行的农机安全监督管理法规和农机安全生产实际，从安全技术检验的目的意义、唯一性检查、外观检查、安全装置检查、底盘检验、作业装置检验、制动检验、前照灯检验、检验装备等方面，对与拖拉机和联合收割机的安全技术检验相关的安全生产法律、行政法规、部门规章和标准进行了阐述，详细介绍了 7 个检验项目的检验方法、检验要求和检验结果的处理方法。注重理论与实践相结合，浅显易懂，系统性、适用性和指导性强，有利于提高安全技术检验人员的理论水平和实际操作能力，可作为安全技术检验人员和相关部门或检验机构工作人员学习的参考资料。

　　本书的编写得到农业农村部农业机械化管理司的重视、支持和指导，得到了江苏省盐城市农业综合行政执法监管局、山东科大微机应用研究所有限公司的大力支持，在多次的讨论修改和审定过程中，还得到了有关专家的参与和支持，在此一并表示感谢！

　　本书是对拖拉机和联合收割机安全技术检验系统培训的一次尝试，由于编著人员能力水平有限，难免存在疏漏之处，敬请读者批评指正。

农业农村部农业机械化总站

2022 年 10 月

目　　录

第一部分

拖拉机和联合收割机
安全技术检验

　　对拖拉机和联合收割机进行安全技术检验是农机安全监督管理的法定职责，是保障农业机械安全技术状态良好的重要手段，是促进农机安全生产的重要措施。对拖拉机和联合收割机实施安全技术检验，主要目的是掌握和了解拖拉机和联合收割机的安全技术状况，督促农机所有人及时对拖拉机和联合收割机进行保养和维修，以保持良好的安全技术状态，满足农业生产安全的要求。

第一章　概　　述

拖拉机和联合收割机在行驶和作业中对公共安全构成了一定的威胁，建立定期安全技术检验制度是确保农业机械的安全技术状态、预防和减少事故发生、保障农业机械安全生产的有效手段。

一、拖拉机和联合收割机的发展和常识

（一）拖拉机的发展及常识

拖拉机是用于牵引、推动、携带感/和驱动配套机具进行作业的自走式动力机械。

1. 拖拉机的发展

19 世纪初，蒸汽发动机作为动力源驱动机器工作，拖拉机诞生。19 世纪末，德国科学家发明了包括汽油机、柴油机的内燃机，装有内燃机的拖拉机和以蒸汽机作为动力的拖拉机有些类似。拖拉机在 20 世纪初开始进入实用阶段，在欧美各国的农业生产中逐步被推广应用。1910—1924 年，小型重量轻的后轮驱动型拖拉机，以及无架式、万能型拖拉机先后问世，拖拉机进入正式使用阶段。1925—1929 年，动力输出轴被各种拖拉机逐步采用，主要驱动割晒、施肥、播种等农具作业。1930—1937 年，充气轮胎取代带齿铁轮，柴油发动机应用于大型拖拉机，高压缩比柴油发动机较完善的电器设备，促进了拖拉机的实用化。1938—1941 年，开始采用标准化农机具三点悬挂，以及液压自动阻力控制和发动机强制冷却系统。1942—1949 年，采用独立式动力输出轴和牵引农具的液压操纵。

第二次世界大战以后，工业发达的国家都实现了农业机械化，拖拉机的使用逐步普及，结构和性能日趋完善。除履带式和轮式拖拉机外，手扶拖拉机在园艺和水田作业方面开始广泛应用。1950—1960 年，拖拉机的功率急剧增加，以柴油机作为动力的拖拉机比例增大，出现了液压转向和动力换挡变速箱等新结构。1961—1970年，拖拉机的功率继续增加，拖拉机多数装用柴油机，驾驶人的安全性和舒适性成为技术发展的重点。1971—1979 年，采用增压和增压中冷柴油机，翻车保护装置被某些国家列入法规，四轮驱动被普遍采用，功率大于 75kW 的大型拖拉机产量增加。履带式拖拉机因四轮驱动而得到迅速发展并被广泛使用。1979 年后，机、电、液一体化，计算机自动控制、卫星定位等许多高新技术被逐步采用，这使得拖拉机成为一种世界性的动力机械。

新中国成立以来，我国拖拉机产业经历了起步和打基础阶段、小型拖拉机发展阶段、大型拖拉机发展阶段，目前正在进入智能拖拉机发展阶段。

第一阶段：起步和打基础阶段（1949—1978 年）。新中国成立后，国家百废待兴，先后在河南、天津、上海、辽宁、吉林、新疆、江西、河北、湖北、江苏、浙江等地建设了一批拖拉机厂，开启了我国拖拉机产业的发展历程。1958 年，我国第一台拖拉机（东方红 54 履带式拖拉机）在洛阳第一拖拉机制造厂诞生。这一时期，我国拖拉机产业有了一定技术和装备基础，培养了一大批管理和技术人才，为我国拖拉机产业的发展积蓄了有生力量。

第二阶段：小型拖拉机发展阶段（1979—1999 年）。我国农村实行家庭联产承包经营以后，农民经营土地规模较小，大型农机用不上。同时，我国从计划经济体制向市场经济体制转变，拖拉机企业面临着严峻的市场竞争和生存挑战。这一时期，手扶拖拉机和小四轮拖拉机发展迅速，市场保有量巨大，形成了以小型拖拉机市场为主的局面。

第三阶段：大型拖拉机发展阶段（2000—2019 年）。国家颁布实施《农业机械化促进法》，受农机购置补贴政策、市场需求、购机主体变化的影响，大型拖拉机产销出现大幅增长，拖拉机功率升级的趋势明显。拖拉机企业战略重组、产业转型、产品升级步伐加快，拖拉机产品品质进一步提升。国内部分大中型拖拉机企业在发达国家组建研发中心，进行产品和关键技术开发，进一步缩小与国际品牌拖拉机制造技术水平的差距。

第四阶段：智能拖拉机发展阶段（2020 年以后）。国内拖拉机企业在引进、吸收、改进国外先进技术的同时，进一步谋划下一代拖拉机的开发和研制工作，联合农业院校和科研院所在无人自动驾驶和电动智能拖拉机方面布局，并取得一些突破。目前以农机北斗自动导航系统为代表的智能拖拉机出现快速增长势头，多个无人农场示范项目在全国示范实施，开展无人化精准耕整、植保、收获作业。

2. 拖拉机的分类

（1）按登记机型分类。依据《拖拉机和联合收割机登记规定》（农业部令第 2 号），纳入牌证管理的拖拉机包括：轮式拖拉机、手扶拖拉机、履带拖拉机、轮式拖拉机运输机组、手扶拖拉机运输机组。

（2）按发动机功率分类。小型拖拉机（功率小于 14.7kW）、中型拖拉机（功率为 14.7～73.6kW）、大型拖拉机（功率大于 73.6kW）。

（3）按用途分类。可分为一般用途拖拉机（如用于耕地、耙地、播种、收割等作业）和特殊用途拖拉机即中耕拖拉机、高地隙拖拉机等用于特殊农业工作条件的拖拉机。

3. 拖拉机的构造

拖拉机的总体结构是由发动机、传动系、行走系、转向系、制动系、工作装置及电气设备组成，除发动机、工作装置及电气设备外，其余称底盘。不管哪种结构的拖拉机，其主要由发动机、底盘、电气设备和液压悬挂系统四大部分组成。

下面以东方红 LX1300 轮式拖拉机的结构简图为例简要介绍（图 1-1）。

图 1-1　东方红 LX1300 轮式拖拉机的结构简图

（1）发动机。发动机由机体、曲柄连杆机构、供给系统、润滑系统、冷却系统、启动系统等组成。它是拖拉机产生动力的装置，发动机汽缸内柴油燃烧产生的热能通过活塞、曲柄连杆结构转换成旋转的机械能。拖拉机均采用压燃式柴油内燃发动机为动力装置。

（2）传动系统。传动系统由离合器、变速箱、中央传动、末端传动系统组成。它是将发动机的动力通过变速箱、中央传动、末端传动系统的降速增扭后传给驱动轮以及动力输出轴和输出皮带轮。

（3）转向系统。转向系统由方向盘、转向器和传动杆件等三部分组成。它的作用是使拖拉机两个前轮偏转，并使偏转角度符合规定的要求，实现拖拉机的转向。

（4）制动系统。制动系统由制动器和操纵机构两部分组成。制动器安装在最终传动半轴上，左右各一个。制动系统的功用是使拖拉机在高速行驶中减速并迅速停车。

（5）行走系统。行走系统由前轴、导向轮、驱动轮三部分组成。行走系统的功用是支撑拖拉机整机重量，将经传动系统传来的发动机动力通过驱动轮与地面的相互作用转变为拖拉机工作时所需要的驱动力，将驱动轮的旋转运动变为拖拉机在地面上的移动。

（6）液压悬挂系统。液压悬挂系统由液压部分、悬挂部分和操纵部分组成。拖拉机通常采用三点悬挂的形式操纵农用机具，具体形式是上拉杆和下拉杆的前端与拖拉机铰接，后端与农具铰接。农具通过下拉杆得到拖拉机的牵引力，通过操纵机构控制液压部分的升降，以便拖拉机挂接农具在田间转移或短程运输。

（7）底盘。底盘是拖拉机传递动力的装置，其作用是将发动机的动力传递给驱动轮和工作装置使拖拉机行驶，并完成移动作业或固定作用。这个作用是通过传动系统、行走系统、转向系统、制动系统和工作装置的相互配合、协调工作来实现的，同时它们又构成了拖拉机的骨架和身躯。

（8）电器设备。电器设备由电源、启动装置、充电装置、照明信号电路以及仪表和辅助设备组合而成。电器系统是拖拉机的重要组成部分，它的性能好坏直接影响到拖拉机的经济性、可靠性和安全性。

4. 拖拉机的特点

下面按行走方式介绍不同类型拖拉机的特点。

（1）履带（也称链轨）拖拉机。由于履带式拖拉机是通过卷绕的履带支承在地面上，履带与地面接触面积大、压强（单位面积的压力）小，如东方红—802 型的接地压力为 44.1kPa（0.45kg/cm²），所以拖拉机不易下陷。由于履带板上有很多履刺插入土内，易于抓住土层，在潮湿泥泞或松软土壤上不易打滑，因此具有良好的牵引附着性能，与同等功率的其他类型拖拉机相比较，它能发出较大牵引力，因而履带拖拉机对不同的地面和土壤条件适应性好，并能完成其他类型拖拉机难以胜任的开荒深翻和农田基本建设等工作。它的缺点是体积大而笨重，价格和维修费用高，配套农机具较少，作业范围较窄，易破坏路面而不适于公路运输，因此，综合利用性能低。

（2）两轮驱动的轮式拖拉机。其特点基本上与履带拖拉机相反。它的体积较小，重量较轻，价格和维修费用较低。配套农机具较多，作业范围较广，可用于公路运输，每年使用的时间也较长，所以综合利用性能较高。在我国两轮驱动的轮式拖拉机生产和销售的量都比较大。它的缺点是对地面压强大，在田间工作时轮胎气压一般为 $83.3 \sim 137.2 kPa$（$0.85 \sim 1.4 kg/cm^2$），硬路面一般为 $147 \sim 196 kPa$（$1.5 \sim 2.0 kg/cm^2$），易陷车；在潮湿泥泞或松软土壤上易打滑，牵引附着性能差，不能发出较大的牵引力。

（3）四轮驱动式拖拉机。其特点介于两轮驱动的轮式拖拉机和履带拖拉机之间，它是兼有两者优点的机型。由于它是四轮驱动，所以其牵引性能比两轮驱动的轮式拖拉机高 $20\% \sim 50\%$。它适于挂带重型或宽幅高效农具，也适于农田基本建设工作。在中等湿度土壤上作业时，它与履带拖拉机工作质量相差不多，但在高湿度黏重土壤上作业时相差较大。

（4）手扶拖拉机。其特点是体积小，重量轻，结构简单，价格便宜，机动灵活，通用性能好。它不仅是小块水田、旱田和丘陵地区的良好耕作机械，而且适于果园、菜园多项作业。此外，手扶拖拉机还能与各种农副产品加工机械配套，既可做固定作业也可做短途运输，每年使用时间很长，综合利用性能很高。它的缺点是功率小，生产率低，经济性较差，水田作业劳动强度大。

（5）船式拖拉机。其主要型式是机耕和机滚船，它是我国南方水田地区近年来发展的一种新型的拖拉机。它主要是在水田、湖田作为动力与耕、耙、滚作业机具配套使用；若把驱动轮换为胶轮也可作为动力配带挂车运输使用。它的工作原理是利用船体支承整机的重量，通过一般为楔形的铁轮与土层作用推动船体滑移前进，并带动配套农具在水田里作业。在低洼地、烂泥较深、无硬底层的田里，前进阻力小，不沉陷、不破坏土壤，所以它比一般型式的拖拉机和耕牛都具有很大的适应性，它的缺点是作业范围较窄、作业项目较少、综合利用性能低。

（二）联合收割机的发展及常识

联合收割机是谷物联合收割机的简称，是收割机与脱粒机的组合，将二者用输送装置相连，能够一次完成切割、脱粒、分离、清选等其中多项作业。当用于分段收获时，在收割台上装拾禾器，可捡拾晾晒后的谷物条铺，并完成脱粒、分离和清选等多项作业。当在联合收割机上增加附属装置（如大豆收割装置等），或经过适当的改装和调整后，可以收获水稻、玉米、大豆、谷子和高粱等谷类作物。

1. 联合收割机的发展

联合收割机是农业机械中结构复杂、技术含量较高的机型之一。

1831 年美国农民发明家麦克科密克设计制作出首台畜力联合收割机，1889 年美国贝斯特发明首台由蒸汽机驱动的自走式联合收割机。此后，又相继诞生了由内燃机驱动的自走式联合收割机。如今联合收割机已成为农田作业不可缺少的农业机械。国外发达国家以提高联合收割机作业效率为主要目的，向着大型化、智能化和功能复合化的趋势发展。

我国联合收割机的研制开始于 20 世纪中叶，早期以仿制国外机型为主。1955 年 4 月，在北京农业机械厂（即北京内燃机总厂的前身）设计生产出中国第一台牵引式 GT-4.9 大型谷物联合收割机，标志着联合收割机试制成功，并于 1956 年正式投产。1964 年4 月，国产首台大型联合收割机（"东风牌"）诞生在四平东风大型联合收割机厂。随着改革开放农村经济体制不断深化和农机跨区域作业模式的出现，联合收割机行业得到快速发展。到 20 世纪 90 年代后期，国家以重点技术攻关的方式推动科技进步，稻麦收获机械发展较快，涉足企业 150 多家，背负式小麦收割机、履带式自走式稻麦收割机、轮式自走式稻麦收割机等一批成熟的收割机型号快速被推广应用。玉米收获成为双季轮作区解决双抢和高寒区避开霜冻的关键环节，农村对玉米收获机械化的需求推动了玉米收获机械研制的高潮，有 50 多个单位研制生产了 1 行、2 行、3 行和 4 行的多种机型。进入 21 世纪，在国家农机购置补贴等强农惠农政策的推动下，国内品牌不断发展壮大，不断提升联合收割机的性价比，各种联合收割机保有量持续增长，基本实现了水稻、小麦和玉米等主要作物的机械化收获。随着农业经营体系和生产体系的构建和发展，高效率、高质量、高智能、高舒适联合收割机成为发展方向。

2. 联合收割机的分类

（1）按照登记机型分类。依据《拖拉机和联合收割机登记规定》（原农业部令第 2 号），纳入牌证管理的联合收割机包括：轮式联合收割机、履带式联合收割机。

（2）按照谷物的喂入方式分类。可分为全喂入式、半喂入式和摘穗式。

（3）按照与动力机的连接形式分类。可分为牵引式、悬挂式和自走式。

（4）按照喂入量的多少分类。可分为大型（喂入量大于 5kg/s，或割幅在 3m 以上）、中型（喂入量在 3～5kg/s，或割幅在 2～3m）和小型（喂入量小于 3kg/s，或割幅在 2m 以下）。

3. 联合收割机的构造

联合收割机按照与动力的配套方式可分为牵引式、自走式和悬挂式，如图 1-2 所示。

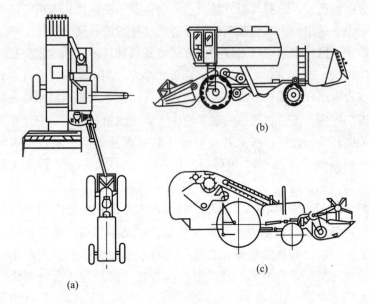

图1-2 联合收割机的结构种类

(a) 牵引式 (b) 自走式 (c) 悬挂式

牵引式联合收割机结构简单，但机组过长，转弯半径大，机动性能差，收割台不能配置在机器的正前方，收获时需要预先人工开道。

自走式联合收割机由自身配置的柴油机驱动，其收割台配置在机器的正前方，能自行开道，机动性能好，生产率高，虽然造价较高，但目前应用较广。

悬挂式联合收割机又称背负式联合收割机，是将收割台和脱粒等工作装置悬挂在拖拉机上，由拖拉机驱动工作。它具有自走式联合收割机的机动性能高、能自行开道的优点，造价又较低，提高了拖拉机的利用率。

随着农机装备的转型升级和技术进步，联合收割机由单一类作物收获向复合式转变。

（1）谷物联合收割机的主要构造。目前，我国小麦联合收割机主要有全喂入轮式自走式联合收割机、全喂入履带自走式联合收割机，与轮式拖拉机配套使用的全喂入悬挂式（背负式）联合收割机、半喂入履带自走式联合收割机、采用割前脱粒割台的掳穗式联合收割机，与手扶拖拉机配套使用的微型全喂入联合收割机等几种。其中全喂入轮式自走式联合收割机在我国小麦收获中应用最为广泛，履带自走式联合收割机在水稻产区为常见机型。下面以雷沃谷神联合收割机主要构造为例简要介绍，见图1-3。

图1-3　雷沃谷神联合收割机主要构造

①割台：割台是对谷物及其植株进行割断和收集的主要部件，割台根据谷物收割机的工作能力不同而具有不同的割幅，割幅的参数通常会根据发动机的功率、输送能力、脱粒能力来确定。

②输送装置：输送装置是将割台割断后对喂入的植株进行运输

的装置，通常情况下它连接了割台与脱粒装置。输送装置的结构包括输送槽体和齿形输送链，通过输送链条的往复转动带动作物的同步运动，并将收集的谷物均匀地喂入脱粒装置。输送装置具有结构简单、功能可靠的优点，但在输送形式、防止谷物打滑、防止堵塞等方面仍有优化的空间。

③脱粒装置：脱粒装置主要由喂入装置、滚筒和凹板组成，按照滚筒结构的不同可分为纹杆式滚筒、钉齿式滚筒、双滚筒式、轴流式滚筒四种。纹杆式滚筒是利用滚筒的纹理与凹板之间的反复摩擦来实现脱粒的一种模式，其在脱粒过程中既能保证良好的脱粒效率，又能有效减少谷物损伤和秸秆折断，可适应多种谷物的收获，应用范围较广。钉齿式滚筒的脱粒原理是利用钉齿的梳刷和打击作用来进行脱粒的一种模式，其对作物茎秆的抓取和脱粒的能力都比较强，能适应湿度较大的脱粒工作，但工作过程中秸秆容易破损，同时其凹板的分离能力较弱，仅适用于稻麦两熟地区的谷物联合收割机使用。双滚筒式的脱粒方式是通过前后两组滚筒共同完成的，通常来说前组滚筒选用纹杆式滚筒和钉齿式滚筒，利用较低的转数可以将绝大多数的谷粒进行脱离，而后组滚筒选用螺纹形式，利用较高的转速实现对较难脱粒的谷物进行脱粒，以实现较高的脱粒效率。双滚筒式具有谷物损伤小、收获质量高的优点，但是也存在着结构复杂、秸秆破损率高的缺点。轴流式滚筒是沿切向进行旋转脱粒的滚筒形式，当谷物的植株被喂入后会随着滚筒做圆周运动，同时，在导向板的作用下进行轴向移动，通常情况下轴流式滚筒的脱粒能力较强，但脱粒时间较长，脱粒结构所占空间较大。

④分离及清选装置：分离装置主要是将谷物颗粒与茎秆进行分离的结构，其原理就是通过反复的冲击和振动，使谷物颗粒穿过茎秆和底部筛网结构，从而实现秸秆与谷物的分离。分离后的谷物中通常含有大量的杂物和秸秆细碎，要将谷物进行清选通常的方法是利用风机吹除谷物中的茎秆、杂草及其他较轻的杂质，再通过筛网

进行筛选。

⑤集粮装置：集粮装置主要用来对清选后的谷物进行收集，根据割台幅宽和谷物联合收割装置效率的不同，集粮装置的容积也各不相同，除对谷物进行收集外，集粮装置还具备将谷物卸出的功能。通过粮仓与液压缸的配合能够方便地将谷物卸出放置于地面或直接装入运粮车中。

⑥发动机：谷物收割机产生动力的装置，由机体、曲柄连杆机构、供给系统、润滑系统、冷却系统、启动系统等组成。发动机汽缸内柴油燃烧产生的热能通过活塞、曲柄连杆结构转换成旋转的机械能。

⑦电器系统：电气电路是用来保证谷物联合收割机驾驶室内监控、发动机启动、照明等各辅助用电设备的用电。驾驶人要随时观察仪表上显示的电流、水温、油压范围，防止用电设备和线路短路，保证谷物收割机在作业及行驶过程中的启动、照明和仪表指示。

⑧液压系统：主要采用齿轮泵驱动，并包括液压转向和液压操纵两部分。液压转向系统大多采用全液压转向器控制转向油缸实现转向。液压操纵大多用手动多路阀分别操纵各油缸以实现割台升降、拨禾轮转速、卸粮筒转动等动作。

⑨驾驶室总成：谷物收割机的重要组成部分。其结构直接关系到驾驶人的安全、工作效率和健康。现代驾驶室的内部装备，也越来越现代化，逐步向轿车的装备靠拢，如可调式座椅、暖风、空调、安全装置等。

（2）玉米联合收割机的主要构造。目前玉米收割机多为自走摘穗型，也是玉米收割机的主要机型。近几年新型的小麦玉米两用收割机是通过更换收割机的割台来实现小麦、玉米的收获，像收获小麦一样收获玉米，直接在田间地头把玉米籽粒装袋，这种收割机在更换割台以后，可以进行小麦、玉米、大豆、高粱、谷子等作物的收割作业，一机多用。下面以玉米收割机主要机型 4YZ-4B 型玉米联合收割机主要结构为例简要介绍，见图 1-4。

图 1-4 4YZ-4B 型玉米联合收割机主要结构

①割台：割台主要由割台机架、分禾器、摘穗装置、割台齿轮箱、输送搅龙以及防护罩组成。割台用于摘取玉米植株的果穗，并将其输送到输送器。动力传递是通过发动机传给过桥轴→割台过桥轴，再由割台过桥轴分别传至割台齿轮箱、搅龙和强制喂入轮轴。

②剥皮机：剥皮机用于剥下玉米果穗苞叶，其动力是由分动箱传递的。剥皮机主要由动力输入轴、安全离合器、喂入轮、剥皮辊、剥皮机架、压穗轮等部分组成。

③粮仓：粮仓位于收获机后侧，用于储粮、运粮。

④底盘：底盘用来支撑玉米联合收割机，并将发动机的动力转变为行驶力，保证玉米联合收割机行驶，主要由机架、行走离合器、行走无级变速器、齿轮变速箱、前桥、后桥、制动装置等组成。

⑤发动机：联合收割机产生动力的装置，由机体、曲柄连杆机

构、供给系统、润滑系统、冷却系统、启动系统等组成。发动机汽缸内柴油燃烧产生的热能通过活塞、曲柄连杆结构转换成旋转的机械能。

⑥电器系统：电气电路是用来保证玉米联合收割机驾驶室内监控、发动机启动、照明等各辅助用电设备的用电。驾驶员要随时观察仪表上显示的电流、水温、油压范围，防止用电设备和线路短路，保证玉米收获机在作业及行驶过程中的启动、照明和仪表指示。

⑦液压系统：主要采用齿轮泵驱动，包括液压转向和液压操纵两部分。液压转向大多采用全液压转向器控制转向油缸实现转向。液压操纵大多用手动多路阀分别操纵各油缸以实现割台升降、分禾器转速、卸粮筒转动等动作。

⑧驾驶室总成：它是联合收割机的重要组成部分，是农机驾驶人工作的地方。其结构直接关系到驾驶人的安全、工作效率和健康。现代驾驶室的内部装备也越来越现代化，逐步向轿车的装备靠拢，如可调式座椅、暖风、空调、安全装置等。

4. 联合收割机的特点

牵引式联合收割机以拖拉机作为作业的动力，机动灵活性差，不能自行开道；自走式联合收割机能自行开道，机动灵活性好，转移方便、高效，但其发动机的年利用率低。悬挂式和半悬挂式联合收割机兼有牵引式和自走式收割机的优点，但视野差，重量分布和传动配置受限，影响稳定性和操作性能。半悬挂式联合收割机同拖拉机的联结较悬挂式联合收割机简便，适应地形变化能力强。全喂入式联合收割机的通用性好，但所需功率较大，收获后茎秆断碎散乱，只能还田作肥料或用作饲料。半喂入式谷物联合收割机所需功率较小，能保持茎秆相对完整，但对作物生长状况的适应性较差，不能收获玉米、豆类等作物。

近几年来，随着农机装备的转型升级和技术进步，我国大力发展智能新兴产业，推动了高端、先进、智能复合联合收割机的研发、试验和推广应用。以联合收割机自动驾驶技术为代表的先进、智能农机已开始产业化。无人驾驶联合收割机利用计算机、信息、人工智能等技术，实现对农机的无人驾驶、操作。按照用户设定的参数，可以进行自动自主的作业。无人驾驶联合收割机是精准农业、智慧农业发展的一个农机装备基础，给农机安全检验装备技术提出了更高要求。

二、拖拉机和联合收割机的安全技术检验

检验是科学名词，指用工具、仪器或其他分析方法检查各种原材料、半成品、成品是否符合特定的技术标准、规格的工作过程。技术检验是指根据规定的质量标准、工艺规程和检验规范，对原材料、外购件、外协件、在制品和成品进行测量，并将测出的特性值与规定值进行比较、加以判断和评价，以确定对被测对象的处理措施和方法。技术检验是生产过程中的一个重要环节，是质量管理的重要手段。技术检验的数据经分析后又反馈回设计、工艺和管理工作中去，使这些工作得到改进，以达到控制产品质量的目的。拖拉机和联合收割机安全技术检验是根据《中华人民共和国道路交通安全法》《中华人民共和国道路交通安全法实施条例》《农业机械安全监督管理条例》和《拖拉机和联合收割机登记规定》等法律、法规、规章规定，依据《拖拉机和联合收割机安全技术检验规范》的检验流程、检验项目和方法，对拖拉机或联合收割机进行度量、测量、检验，并将结果与有关农业机械安全生产管理法律、法规、规章、规范或标准进行比较，评判或确定是否合格所进行的活动。

拖拉机和联合收割机安全技术检验可分为注册登记检验、年度检验、查验、事故鉴定检验和临时安全检验等形式。

（一）注册登记检验

依据有关法规规定，拖拉机和联合收割机投入使用前，其所有人应当按照国务院农业机械化主管部门的规定，向所在地县级人民

政府农业机械化主管部门申请登记。《农业机械安全监督管理条例》规定，"拖拉机、联合收割机经安全检验合格的，农业机械化主管部门应当在2个工作日内予以登记并核发相应的证书和牌照"。《拖拉机和联合收割机登记规定》第七条规定，"初次申领拖拉机、联合收割机号牌、行驶证的，应当在申请注册登记前，对拖拉机、联合收割机进行安全技术检验，取得安全技术检验合格证明"。对纳入登记管理的拖拉机和联合收割机（除符合免检条件外），检验合格是登记的前置条件。农业机械化主管部门及其所属的农机安全监理机构或有资质的检验机构对申请注册登记的拖拉机和联合收割机进行的安全技术检验，又称初次检验。

对于符合下列条件的新购置的拖拉机或联合收割机，免予注册登记检验，但拖拉机运输机组除外。

（1）依法通过农机推广鉴定的机型。

（2）其新机在出厂时经检验获得出厂合格证明。

（3）出厂一年内。

属于免予安全技术检验的，注册登记检验时应当对该机型相关项目进行查验。注册登记检验的目的是检验拖拉机或联合收割机的主要技术性能是否达到《农业机械运行安全技术条件》（GB 16151—2008）及有关安全技术标准的规定，确保拖拉机和联合收割机具有良好的安全技术状况，确保使用中的安全性。同时，为农业机械化主管部门提供拖拉机和联合收割机管理的基础数据。

注册登记检验是按照有关标准对拖拉机和联合收割机整机及其发动机、转向系、制动系、传动系、行驶系、照明和信号装置等运行安全技术状态进行全面的评判。

（二）年度检验

年度检验是对已注册登记、纳入牌证管理的拖拉机和联合收割机进行的安全技术检验。年度检验属于在用机检验，简称年检。

年度检验的目的是检验在用拖拉机和联合收割机的主要技术性

能是否达到有关标准的要求，督促其所有人对机具进行维护和保养，使机具保持完好的安全技术状况，消除事故隐患，确保机具使用中的安全。

年度检验的内容主要包括两个方面：一是机具、号牌、行驶证与注册登记时的信息是否相符；二是机具安全技术状况是否符合安全技术标准的规定。具体检验的主要内容如下：

（1）检查机具是否经过改装、改型、更换总成，相关信息是否与行驶证记载一致；如有变更，变更是否经过审批和办理有关手续；检查机具是否达到报废规定。

（2）检查机具外观是否完整，检查机具是否有漏水、漏油、漏气、漏电等情况。

（3）检查发动机、底盘、机身等主要总成及其部件是否齐全、有效。

（4）按照有关标准的要求，检查机具的动力性、通过性、操纵稳定性、制动性等是否符合规定。

（三）查验

查验是根据拖拉机和联合收割机所有人的申请，农业机械化主管部门及其所属的农业安全监理机构或有资质的检验机构按照有关安全技术标准或检验技术规范［《农业机械运行安全技术条件》（GB 16151—2008）和《拖拉机和联合收割机安全技术检验规范》（NY/T 1830—2019）等］对拖拉机和联合收割机特定项目［根据《拖拉机和联合收割机登记业务工作规范》规定，办理部分登记业务（变更、迁出、转入、转移等）］及符合免检条件，无须在整机进行安全技术检验时，对所需核查、确认的项目进行核查、确认的工作过程。查验项目共计 15 项，涵盖了所有唯一性检查的 8 个项目，分别为号牌号码、类型、品牌型号、机身颜色、发动机号码、底盘号/机架号、挂车架号码和外廓尺寸；包括外观检查中的项目，分别为后视镜、号牌座、号牌及号牌安装、挂车放大牌号；涵盖所有安全装置检查的 4 个项目，分别为驾驶室、防护装置、后反射器和灭火器。按照有关标准的要求，检查机具的动力性、通过性、操纵稳定性、制动性等是否符合规定。

（四）事故鉴定检验

事故鉴定检验指对发生事故的农业机械的技术状态进行鉴定检验。目的是查明事故的原因，需要对农业机械的安全技术性能进行评判，其结果作为事故责任认定和损害赔偿调解的依据。

（五）临时安全检验

临时安全检验是根据农机安全生产工作实际需要，对拖拉机和联合收割机进行的临时性安全检验。临时安全检验一般在下列情况下开展：

（1）春耕备耕生产、夏秋农忙、冬季运输等农机作业高峰期，农业机械化主管部门及其所属的农机安全监理机构以排查安全生产隐患为目的，进行临时安全检验。

（2）所有人申请对维修后的农业机械安全技术状况进行评判，农业机械化主管部门及其所属的农机安全监理所应当进行临时安全检验。

（3）在一些重大的活动现场，比如农业机械展示、操作演示等，主办方为确保安全，可以向农业机械化主管部门及其所属的农机安全监理机构申请对进场农业机械进行临时安全检验。

（4）跨区作业前的临时安全检验。

三、拖拉机和联合收割机安全技术检验的依据

拖拉机和联合收割机安全技术检验是依据相关的法律、法规和标准完成的。

（一）法律

《中华人民共和国道路交通安全法》

《中华人民共和国道路交通安全法》是我国第一部关于道路交

通安全的法律，它对于维护道路交通秩序，预防和减少交通事故，保护人身安全，保护公民、法人和其他组织的财产安全及其合法权益，提高通行效率，具有重要的意义。

第一百二十一条规定，对上道路行驶的拖拉机，由农业（农业机械）主管部门行使本法第八条、第九条、第十三条、第十九条、第二十三条规定的公安机关交通管理部门的管理职权。其中第十三条规定，对登记后上道路行驶的机动车，应当依照法律、行政法规的规定，根据车辆用途、载客载货数量、使用年限等不同情况，定期进行安全技术检验。对提供机动车行驶证和机动车第三者责任强制保险单的，机动车安全技术检验机构应当予以检验，任何单位不得附加其他条件。对符合机动车国家安全技术标准的，公安机关交通管理部门应当发给检验合格标志。对机动车的安全技术检验实行社会化，任何单位不得要求机动车到指定场所进行检验。

《中华人民共和国道路交通安全法》对机动车的安全技术检验有明确的规定，上道路行驶的拖拉机依据《中华人民共和国道路交通安全法》的规定要进行安全技术检验。

（二）法规

1. 《中华人民共和国道路交通安全法实施条例》

《中华人民共和国道路交通安全法实施条例》是对《中华人民共和国道路交通安全法》的细化和完善，更具操作性。《道路交通安全法实施条例》对上道路行驶的拖拉机概念进行了界定，对其号牌悬挂、年检周期、特殊路况限速、挂车牵引等事项进行了明确规定，并对农业（农业机械）主管部门和公安交通管理部门对上道路行驶拖拉机的联合监管提出了具体措施和要求。

第一百一十一条规定，本条例所称上道路行驶的拖拉机，是指手扶拖拉机等最高设计行驶速度不超过每小时 20km 的轮式拖拉机和最高设计行驶速度不超过每小时 40km、牵引挂车方可从事道路运输的轮式拖拉机。

第一百一十二条规定，农业（农业机械）主管部门应当定期向公安机关交通管理部门提供拖拉机登记、安全技术检验以及拖拉机驾驶证发放的资料、数据。公安机关交通管理部门对拖拉机驾驶人做出暂扣、吊销驾驶证处罚或者记分处理的，应当定期将处罚决定书和记分情况通报有关的农业（农业机械）主管部门。吊销驾驶证的，还应当将驾驶证送交有关的农业（农业机械）主管部门。

2. 《农业机械安全监督管理条例》

《农业机械安全监督管理条例》是农业机械安全监督管理的第一部行政法规，建立健全了农业机械生产、销售、维修、使用操作、事故处理、监督管理等有关管理制度，构建了统一、完整的农业机械安全监督管理体系，为农业机械管理工作提供了法制保障。明确了农业机械生产者的质量保证责任、农业机械销售者的质量控制责任；建立了缺陷产品召回制度；规范了农业机械维修行为；强化了拖拉机、联合收割机使用操作的安全管理，对拖拉机、联合收割机实行牌照管理，对拖拉机、联合收割机的驾驶操作人员实行资质管理；明确了对危及人身财产安全的农业机械进行免费实地安全检验，对在用特定种类农业机械实施安全鉴定和重点检查；建立了农业机械淘汰制度、危及人身财产安全的农业机械报废和回收制度；规范了农业机械事故处理程序和农业机械化主管部门等相关部门的监督与服务行为，明确了各方面的法律责任。

第二十一条规定，拖拉机、联合收割机投入使用前，其所有人应当按照国务院农业机械化主管部门的规定，持本人身份证明和机具来源证明，向所在地县级人民政府农业机械化主管部门申请登记。拖拉机、联合收割机经安全检验合格的，农业机械化主管部门应当在 2 个工作日内予以登记并核发相应的证书和牌照。

拖拉机、联合收割机使用期间登记事项发生变更的，其所有人应当按照国务院农业机械化主管部门的规定申请变更登记。

第二十三条规定，拖拉机、联合收割机应当悬挂牌照。拖拉机上道路行驶，联合收割机因转场作业、维修、安全检验等需要转移的，其操作人员应当携带操作证件。拖拉机、联合收割机操作人员不得有下列行为："（二）操作未按照规定登记、检验或者检验不合格、安全设施不全、机件失效的拖拉机、联合收割机"。

（1）操作与本人操作证件规定不相符的拖拉机、联合收割机。

（2）操作未按照规定登记、检验或者检验不合格、安全设施不全、机件失效的拖拉机、联合收割机。

（3）使用国家管制的精神药品、麻醉品后操作拖拉机、联合收割机。

（4）患有妨碍安全操作的疾病操作拖拉机、联合收割机。

（5）国务院农业机械化主管部门规定的其他禁止行为。

禁止使用拖拉机、联合收割机违反规定载人。

第三十条规定，县级以上地方人民政府农业机械化主管部门应当定期对危及人身财产安全的农业机械进行免费实地安全检验。但是道路交通安全法律对拖拉机的安全检验另有规定的，从其规定。拖拉机、联合收割机的安全检验为每年 1 次。实施安全技术检验的机构应当对检验结果承担法律责任。

第三十一条规定，农业机械化主管部门在安全检验中发现农业机械存在事故隐患的，应当告知其所有人停止使用并及时排除隐患。实施安全检验的农业机械化主管部门应当对安全检验情况进行汇总，建立农业机械安全监督管理档案。

第三十二条规定，联合收割机跨行政区域作业前，当地县级人民政府农业机械化主管部门应当会同有关部门对跨行政区域作业的联合收割机进行必要的安全检查，并对操作人员进行安全教育。

第四十四条规定，农业机械化主管部门应当定期向同级公安机关交通管理部门通报拖拉机登记、检验以及有关证书、牌照、操作证件发放情况。公安机关交通管理部门应当定期向同级农业机械化主管部门通报农业机械在道路上发生的交通事故及处理情况。

第四十五条规定，县级以上地方人民政府农业机械化主管部门、工业主管部门、市场监督管理部门及其工作人员有下列行为之一的，对直接负责的主管人员和其他直接责任人员，依法给予处分，构成犯罪的，依法追究刑事责任：

（一）不依法对拖拉机、联合收割机实施安全检验、登记，或者不依法核发拖拉机、联合收割机证书、牌照的；

（二）对未经考试合格者核发拖拉机、联合收割机操作证件，或者对经考试合格者拒不核发拖拉机、联合收割机操作证件的；

（三）对不符合条件者核发农业机械维修技术合格证书，或者对符合条件者拒不核发农业机械维修技术合格证书的；

（四）不依法处理农业机械事故，或者不依法出具农业机械事故认定书和其他证明材料的；

（五）在农业机械生产、销售等过程中不依法履行监督管理职责的；

（六）其他未依照本条例的规定履行职责的行为。

第五十三条规定，拖拉机、联合收割机操作人员操作与本人操作证件规定不相符的拖拉机、联合收割机，或者操作未按照规定登记、检验或者检验不合格、安全设施不全、机件失效的拖拉机和联合收割机，或者使用国家管制的精神药品、麻醉品后操作拖拉机和联合收割机，或者患有妨碍安全操作的疾病操作拖拉机、联合收割机的，由县级以上地方人民政府农业机械化主管部门对违法行为人予以批评教育，责令改正；拒不改正的，处 100 元以上 500 元以下罚款；情节严重的，吊销有关人员的操作证件。

第五十九条规定，拖拉机操作证件考试收费、安全技术检验收费和牌证的工本费，应当严格执行国务院价格主管部门核定的收费标准。

3. 《机动车交通事故责任强制保险条例》

《机动车交通事故责任强制保险条例》明确了机动车交通事故责任强制保险制度的适用范围、各项原则、保险各方当事人权利义务以及监督管理机构的职责。

第四条规定，国务院保险监督管理机构（以下称保监会）依法对保险公司的机动车交通事故责任强制保险业务实施监督管理。公安机关交通管理部门、农业（农业机械）主管部门（以下统称机动车管理部门）应当依法对机动车参加机动车交通事故责任强制保险的情况实施监督检查。对未参加机动车交通事故责任强制保险的机动车，机动车管理部门不得予以登记，机动车安全技术检验机构不得予以检验。公安机关交通管理部门及其交通警察在调查处理道路交通安全违法行为和道路交通事故时，应当依法检查机动车交通事故责任强制保险的保险标志。

（三）规章

《拖拉机和联合收割机登记规定》

《拖拉机和联合收割机登记规定》明确了拖拉机和联合收割机登记的实施机构，规定了拖拉机和联合收割机注册登记、变更登记、转移登记、抵押登记和注销登记的条件、办理程序和时限等。

第七条规定，初次申领拖拉机、联合收割机号牌、行驶证的，应当在申请注册登记前，对拖拉机、联合收割机进行安全技术检验，取得安全技术检验合格证明。依法通过农机推广鉴定的机型，其新机在出厂时经检验获得出厂合格证明的，出厂一年内免于安全技术检验，拖拉机运输机组除外。

第十二条规定，申请变更登记的，应当填写申请表，提交下列材料：

（一）所有人身份证明；

（二）行驶证；

（三）更换整机、发动机、机身（底盘）或挂车需要提供的法定证明、凭证；

（四）安全技术检验合格证明。

农机监理机构应当自受理之日起 2 个工作日内查验相关证明，准予变更的，收回原行驶证，重新核发行驶证。

第二十八条规定，登记的拖拉机、联合收割机应当每年进行 1 次安全检验。

第三十一条规定，行驶证的式样、规格按照农业行业标准《中华人民共和国拖拉机和联合收割机行驶证》执行。拖拉机、联合收割机号牌、临时行驶号牌、登记证书、检验合格标志和相关登记表格的式样、规格，由农业部制定。

（四）标准

1.《机动车运行安全技术条件》（GB 7258—2017）

《机动车运行安全技术条件》（GB 7258—2017）规定了机动车的整车及主要总成、安全防护装置等有关运行安全的基本技术要求，以及消防车、救护车、工程抢险车和警车及残疾人专用汽车的附加要求。

该标准适用于在我国道路上行驶的所有机动车，但不适用于有轨电车及并非为在道路上行驶和使用而设计和制造、主要用于封闭道路和场所作业施工的轮式专用机械车。

拖拉机运输机组：由拖拉机牵引一辆挂车组成的用于载运货物的机动车，包括轮式拖拉机运输机组和手扶拖拉机运输机组（注1：本标准所指的拖拉机是最高设计车速不大于 20km/h、牵引挂车方可从事道路货物运输作业的手扶拖拉机，以及最高设计车速不大于 40km/h、牵引挂车方可从事道路货物运输作业的轮式拖拉机。注 2：手扶拖拉机运输机组还包含手扶变型运输机，即发动机12h 标志功率不大于 14.7kW，采用手扶拖拉机底盘，将扶手把改为方向盘，与挂车连在一起组成的折腰转向式运输机组）。

2. 《农业机械运行安全技术条件 第1部分：拖拉机》(GB 16151.1—2008)

《农业机械运行安全技术条件 第1部分：拖拉机》(GB 16151.1—2008) 规定了拖拉机的整机及其发动机、传动系、行走系、转向系、制动系、照明及信号等装置、液压悬挂及牵引装置、驾驶室等部件有关运行安全和排气污染物控制、噪声控制的基本技术要求。

该部分适用于在我国使用的轮式、履带和手扶拖拉机和拖拉机运输机组的安全技术检验，其他用于农业作业的具有拖拉机功能的动力机械参照使用。

3. 《农业机械运行安全技术条件 第5部分：挂车》(GB 16151.5—2008)

《农业机械运行安全技术条件 第5部分：挂车》(GB 16151.5—2008) 规定了半挂、全挂挂车整车及其车厢、车架和悬架、牵引架和转盘、行走装置、制动系统、液压倾卸系统、信号装置等有关运行安全的基本技术要求。

该部分适用于在我国使用的农用挂车。

4. 《农业机械运行安全技术条件 第12部分：联合收割机》(GB 16151.12—2008)

《农业机械运行安全技术条件 第12部分：联合收割机》(GB 16151.12—2008) 规定了谷物联合收割机的整机及其发动机、传动系、转向系、制动系、机架及行走系、割台、脱粒部分、粮箱、集草箱、集糠箱及茎秆切碎器、驾驶室和外罩壳、液压系统、照明和信号装置有关作业安全的技术要求。

该部分适用于联合收割机的安全技术检验。

5. 《拖拉机号牌》(NY/T 345.1—2005)

《拖拉机号牌》(NY/T 345.1—2005) 规定了拖拉机号牌的分类、式样、编号规则、号牌字样、技术要求、质量检验、包装、运输及安装等要求。

该标准适用于拖拉机号牌的制作、质量检验。

6.《联合收割机号牌》（NY/T 345.2—2005）

《联合收割机号牌》（NY/T 345.2—2005）规定了联合收割机号牌的分类、式样、编号规则、号牌字样、技术要求、质量检验、包装、运输及安装等要求。

该标准适用于联合收割机号牌的制作、质量检验。

7.《拖拉机号牌座设置技术要求》（NY 2187—2012）

《拖拉机号牌座设置技术要求》（NY 2187—2012）规定了轮式拖拉机号牌座的形状、尺寸和安装要求。

该标准适用于轮式拖拉机、拖拉机运输机组、手扶拖拉机和履带拖拉机。

8.《联合收割机号牌座设置技术要求》（NY 2188—2012）

《联合收割机号牌座设置技术要求》（NY 2188—2012）规定了联合收割机号牌座的形状、尺寸、设置要求和安装要求。

该标准适用于自走式收获机械。

9.《农业机械机身反光标识》（NY/T 2612—2014）

《农业机械机身反光标识》（NY/T 2612—2014）规定了农业机械机身反光标识的术语和定义、材料性能要求、试验方法、检验规则、包装及标志、粘贴要求。

该标准适用于拖拉机、拖拉机运输机组、挂车及联合收割机。

10.《拖拉机和联合收割机安全技术检验规范》（NY/T 1830—2019）

《拖拉机和联合收割机安全技术检验规范》（NY/T 1830—2019）规定了拖拉机和联合收割机安全检验的术语和定义，检验项目、检验方法、检验要求和检验结果处置。

该标准适用于对拖拉机和联合收割机进行安全技术检验。联合收割机是指谷物联合收割机，包括稻麦联合收割机和玉米联合收割

（获）机。

该标准引用的文件包括：

下列文件对于本文件的应用是必不可少的。凡是注日期的引用文件，仅注日期的版本适用于本文件。凡是不注日期的引用文件，其最新版本（包括所有的修改单）适用于本文件。

GB 7258—2017 机动车运行安全技术条件

GB 16151.1—2008 农业机械运行安全技术条件 第 1 部分：拖拉机

GB 16151.5—2008 农业机械运行安全技术条件 第 5 部分：挂车

GB 16151.12—2008 农业机械运行安全技术条件 第 12 部分：谷物联合收割机

NY 345.1—2005 拖拉机号牌

NY 345.2—2005 联合收割机号牌

NY/T 2187—2012 拖拉机号牌座设置技术要求

NY/T 2188—2012 联合收割机号牌座设置技术要求

NY/T 2612—2014 农业机械机身反光标识

四、拖拉机和联合收割机安全技术检验的项目及方法

（一）检验项目

拖拉机和联合收割机检验项目有 7 类、29 项，包括：唯一性检查、外观检查、安全装置检查、底盘检验、作业装置检验、制动检验和前照灯检验，具体项目见表 1-1。同时，不同检验类别、不同机型对应的检验项目也有所区别。如，挂车架号码项目只适用于拖拉机运输机组的检验，驾驶室项目只适用于配备了驾驶室的机型，割台装置只适用于联合收割机，等等。因此，实际检验中需要根据机型和出厂配置等情况选择具体的检验项目。

第一章 概 述

表 1-1 拖拉机和联合收割机安全技术检验项目及方法

序号	检验项目		适用类型			检验方法
			拖拉机运输机组	其他类型拖拉机	联合收割机	
1	唯一性检查	号牌号码*	●	●	●	目视比对检查
		类型*	●	●	●	
		品牌型号*	●	●	●	
		机身颜色*	●	●	●	
		发动机号码*	●	●	●	
		底盘号/机架号*	●	●	●	
		挂车架号码*	●			
		外廓尺寸*	●	●	●	测量
2	外观检查	照明及信号装置	●	●	●	目测检查、操作检查
		标识、标志	●	●	●	
		后视镜*	●	○	●	
		号牌座、号牌及号牌安装*	●	●	●	
		挂车放大牌号*	●	—	—	
3	安全装置检查	驾驶室*	○	○	○	目测检查
		防护装置*	●	●	●	
		后反射器*	●	○	●	
		灭火器*	○	○	●	
4	底盘检查	传动系	●	●	●	目测、耳听、操作感知、测量和运转检查
		行走系	●	●	●	
		转向系	●	●	●	
		制动系	●	●	●	
5	作业装置检验	液压系统、悬挂及牵引装置	○	○	●	目测和运转检查
		割台装置	—	—	●	
		传动与输送装置	—	—	●	
		脱粒清选装置	—	—	○	
		剥皮装置	—	—	○	
		秸秆切碎装置	—	—	○	

（续）

序号	检验项目		适用类型			检验方法
			拖拉机运输机组	其他类型拖拉机	联合收割机	
6	制动检验	制动性能	●	○	○	路试、台试检验
7	前照灯检验	前照灯性能	●	—	—	前照灯检测仪检验

注1："其他类型拖拉机"包括轮式拖拉机、手扶拖拉机、履带拖拉机。

注2："●"表示适用于该类型，"○"表示该检验项目适用于该类型的部分机型。

注3：带有"＊"标注的项目为拖拉机和联合收割机查验项目。

（二）检验方法

安全技术检验是实地检验，应当在农业机械所有人或受委托人及农业机械同时在场的情况下进行，做到见机、见人。拖拉机和联合收割机检验中，针对不同的检验项目，采取相应的检验方法。根据检验手段不同，检验方法可分为感官检验法和仪器检测法。具体检验方法见表1-1。

感官检验，主要依靠农机安全检验人员目测、耳听和操作感知进行检验。如，通过观察检查安全装置是否齐全有效，是否存在漏油、漏水等现象；通过提、抬、摇、压等动作判断机件是否松旷、间隙是否合适、自由行程是否符合要求等；通过声响检查机器运转是否平稳、挂挡是否打齿等。

仪器检测，指利用专门仪器设备进行检测，检测内容属于安全技术性能要求高、需要定量数据进行评判的项目，如制动性能检验、前照灯性能检验等。其中，制动性能检验应根据实际情况和机型选择采用路试检验或台试检验。路试检验又分为两种方式：一种是在规定的初速度下急踩制动时，通过充分发出的平均减速度、制动协调时间及制动稳定性来评判制动性能；另一种是在不同的初速度下，通过制动距离及稳定性来评判制动性能。台试检验方式适用于轮式拖拉机运输机组和手扶拖拉机运输机组两种机型的制动性能检验，一般使用平板式制动检验台或滚筒反力式制动检验台（仅适用于装有平花胎的拖拉机）。规定条件下，通过检测拖拉机的轴制动率、轴制动不平衡率和整机制动率来判断制动性能。前照灯检验是对拖拉机运输机组前照灯发光强度所进行的专项检验。检验方法是在规定条件下通过前照灯检测仪对准被检前照灯，测量其远光发光强度；检测四灯制前照灯时，还应遮蔽非检测的前照灯。

（三）检验流程

检验遵循先静后动（先进行静态检验，后进行动态检验）、由表及里（先检查外部项目，再检查内部项目）的原则。拖拉机和联合收割机安全技术检验相对复杂，为了防止检验项目遗漏，提高效率，通常采用系统检验或号位检验两种流程。

系统检验是按拖拉机和联合收割机的结构组成系统顺序，对每个系统包含的项目逐一进行检查。这种检验法条理性强，可即时对各系统的技术状况做出结论。号位检验是按一定循环线路将拖拉机和联合收割机分成若干个检验号位（通常以拖拉机和联合收割机左侧为1号位，沿顺时针方向顺序确定其他号位），确定每一个号位对应的检验项目及内容，然后按号位顺序逐一检查各部件，这种方式又称为循环检验法。这种检验法可以避免重检、漏检，适用于整机的全面检验。

拖拉机和联合收割机安全技术检验流程见图1-5，各地可根据实际情况适当调整检验流程。

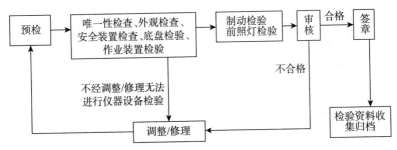

图1-5　拖拉机和联合收割机安全技术检验流程

五、送检拖拉机和联合收割机的基本要求

送检拖拉机和联合收割机应清洁，无漏油、漏水、漏气现象，轮胎完好，发动机运转平稳、怠速稳定，无异响；装有电控柴油机和机载诊断系统（OBD）的，不应有与驾驶操作安全相关的故障信息。发电机、启动装置完好；各仪表信号正常；常温下，电启动时，最多 3 次应能启动发动机，每次启动时间不超过 5min，每次间隔时间不少于 2min。对达不到以上基本要求的送检拖拉机和联合收割机，应告知送检人整改，符合要求后再进行安全技术检验。

申请拖拉机和联合收割机注册登记检验时，应提供出厂合格证明或进口凭证。其中，进口凭证应符合《农业农村部农业机械化管理司关于进一步明确拖拉机和联合收割机进口凭证有关事项的通知》（农机管〔2019〕50 号）相关要求，至少包括进口货物收货人或代理人提供的以下材料：

一是《中华人民共和国海关进口货物报关单》（以下简称《报关单》），其中单价和总价两项信息可以隐藏。

二是与《报关单》中商品名称和数量对应的每台进口拖拉机或联合收割机的品牌型号、发动机号码、底盘/机架号码等信息材料。

三是注册登记的拖拉机或联合收割机技术参数表。技术参数表参照农业行业标准《农业机械出厂合格证　拖拉机和联合收割（获）机》（NY/T 3118—2017）中拖拉机或联合收割（获）机出厂状态特征表样式。

申请在用拖拉机和联合收割机检验时，应提供送检拖拉机和联合收割机的行驶证。拖拉机运输机组，还应提供有效的交通事故责任强制保险凭证。

六、拖拉机和联合收割机检验结果的处置

1. 检验结果的评判

检验结果按照《农业机械安全运行技术条件》（GB 16151.1—2008、GB 16151.5—2008、GB 16151.12—2008）的规定进行评判。授权签字人逐项确认检验结果并签注检验结论。检验结论分为合格、不合格。送检拖拉机和联合收割机所有检验项目的检验结果均合格的，判定为合格；否则，判定为不合格。

2. 检验合格或不合格处置

安全技术检验机构应出具《拖拉机和联合收割机安全技术检验合格证明》（表 1-2）。检验不合格的，应注明所有不合格项目，并告知送检人整改。

表 1-2　拖拉机和联合收割机安全技术检验合格证明

(正面)

号牌号码：		类型：		
生产日期：　年　月　日	注册登记日期：　年　月　日		检验日期：　年　月　日	
检验项目		判定	检验项目	判定
唯一性检查	1. 号牌号码		6. 底盘号/机架号	
	2. 类型		7. 挂车架号码	
	3. 品牌型号		8. 外廓尺寸	
	4. 机身颜色		参数记录（长×宽×高）(mm)： 外廓尺寸 ＿＿＿×＿＿＿×＿＿＿	
	5. 发动机号码			

（续）

外观检查	9. 照 明 及 信 号装置		底盘检验	18. 传动系	
				19. 行走系	
	10. 标识、标志			20. 转向系	
	11. 后视镜			21. 制动系	
	12. 号牌座、号牌及号牌安装		作业装置检验	22. 液压系统、悬挂及牵引装置	
	13. 挂车放大牌号			23. 割台装置	
安全装置检查	14. 驾驶室			24. 传动与输送装置	
	15. 防护装置			25. 脱粒清选装置	
	16. 后反射器			26. 剥皮装置	
	17. 灭火器			27. 秸秆切碎装置	
制动检验	28. 制动性能		前照灯检验	29. 前照灯性能	
序号	不合格项（填写编号和名称）		不合格项目说明		
检验结论			合格（ ）　　不合格（ ）		
检验员签字：			送检人签字：		
注：判定栏中填"√"为合格，填"×"为不合格，填"—"表示不适用于送检机。					

拖拉机和联合收割机安全技术检验合格证明
(背面)

拖拉机和联合收割机照片粘贴区
发动机号码拓印膜粘贴区
底盘号/机架号、挂车架号码拓印膜粘贴区
制动性能检验 检验报告粘贴区
前照灯检验 检验报告粘贴区

第二章　唯一性检查

唯一性检查是指通过对拖拉机或联合收割机号牌号码、类型、品牌型号、机身颜色、发动机号码、底盘号/机架号及主要特征和技术参数进行核对，确认送检拖拉机或联合收割机的唯一性。

一、检查项目

根据《拖拉机和联合收割机安全技术检验规范》（NY/T 1830—2019）可知，拖拉机和联合收割机唯一性检查项目共 8 项，分别为：①号牌号码；②类型；③品牌型号；④机身颜色；⑤发动机号码；⑥底盘号/机架号；⑦挂车架号码；⑧外廓尺寸。

其中，除挂车架号码属于拖拉机运输机组特有的检查项目外，其他检查项目适用于所有拖拉机和联合收割机登记机型。

二、检查方法

唯一性检查主要为人工检验方式，通过目视比对、测量、手摸等方法进行，检查时拖拉机或联合收割机应停放在检验场所指定位置或适宜的位置，发动机处于熄火状态。

三、检查要求

注册登记检验时，拖拉机和联合收割机的类型、品牌型号、机身颜色应与出厂合格证或进口凭证一致；在用机检验时，拖拉机和联合收割机的号牌号码、类型、品牌型号应与行驶证签注的内容一致，机身颜色应与行驶证上的照片相符。

（一）号牌号码

拖拉机和联合收割机的号牌执行《拖拉机号牌》（NY 345.1—2005）和《联合收割机号牌》（NY 345.2—2005）两个标准相关规定。

1. 式样

拖拉机号牌分为正式拖拉机号牌、教练拖拉机号牌和临时行驶拖拉机号牌；联合收割机号牌分为正式联合收割机号牌、教练联合收割机号牌和临时行驶联合收割机号牌。

正式拖拉机/联合收割机号牌由省、自治区、直辖市简称，发牌机关代号，注册编号三部分组成。式样见图2-1、图2-2。

图2-1　正式拖拉机号牌式样　　　图2-2　正式联合收割机号牌式样

教练拖拉机/联合收割机号牌由省、自治区、直辖市简称，发牌机关代号，注册编号和"学"四部分组成。式样见图2-3、图2-4。

图2-3　教练拖拉机号牌式样　　　图2-4　教练联合收割机号牌式样

临时行驶拖拉机（联合收割机）号牌由省、自治区、直辖市简称，发牌机关代号，注册编号和"临"四部分组成。背面字样采用一号黑体制作：所有人、机型、品牌型号、发动机号、机身（机架）号码、临时通行区间、有效期限、发牌机关印章、发牌日期，见图2-5。

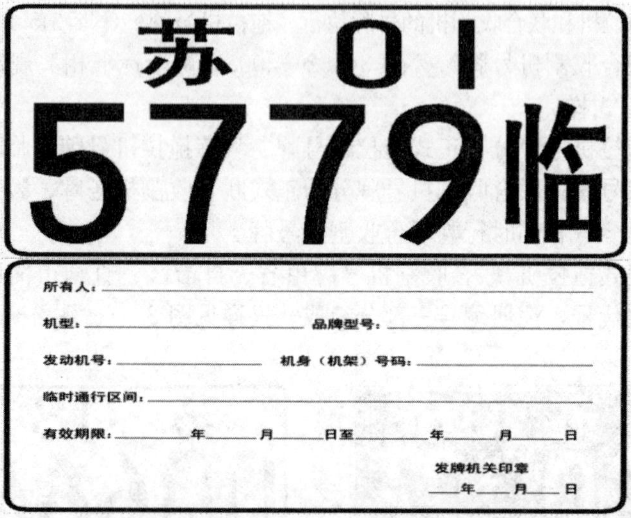

图 2-5　临时行驶拖拉机/联合收割机号牌式样（正面/背面）

2. 编号规则

省、自治区、直辖市简称用汉字表示；"省、自治区、直辖市简称"使用《中华人民共和国行政区划代码》（GB/T 2260—2007）规定的汉字简称。

发牌机关代号用两位阿拉伯数字表示。

正式号牌的注册编号由 5 位阿拉伯数字或字母组成。如注册数量满额后在第一位用字母替代，其含义见表 2-1 注册编号的字母表。

表 2-1　注册编号的字母表

字母	A	B	C	D	E	F	G	H	J	K	L	M
注册编号为 5 位数的数值，万	10	11	12	13	14	15	16	17	18	19	20	21
字母	N	P	Q	R	S	T	U	V	W	X	Y	Z
注册编号为 5 位数的数值，万	22	23	24	25	26	27	28	29	30	31	32	33

3. 号牌字样

省、自治区、直辖市简称，用汉字，字样高 45mm、宽 45mm。

京津冀晋蒙辽吉黑沪
苏浙皖闽赣鲁豫鄂湘粤桂
琼渝川贵云藏陕甘青宁新

发牌机关代号，由两位阿拉伯数字组成，字样高 45mm、宽 30mm。

1234567890

注册编号，用阿拉伯数字、字母及"学、临"汉字，字样高 90mm、宽 45mm。

1234567890
ABCDEFGHJKLMNPQRSTUVWXYZ学临

2018 年 6 月 1 日起实施的《拖拉机和联合收割机登记规定》，明确规定，"拖拉机运输机组订制并核发两面号牌，其他拖拉机和联合收割机订制并核发一面号牌"，为此，部分省（自治区、直辖市）为便于管理与操作，在上述标准规定范围内，出台了本地区适用的号牌号段分配规则，检验时应熟悉本地区相关号段并加以区分。如，江苏省规定"其他拖拉机号牌号段"，首位字符顺序启用"N""Y""W""T""V""U""X""Z"，检验时发现"其他拖拉机"（包括手扶拖拉机、轮式拖拉机、履带拖拉机）仍使用拖拉机运输机组号牌及号段的，应提醒其所有人及时申请换发。

4. 号牌颜色

拖拉机号牌为绿底白字，联合收割机号牌为白底红字。

（二）类型

拖拉机的登记类型包括轮式拖拉机、手扶拖拉机、履带拖拉机、轮式拖拉机运输机组、手扶拖拉机运输机组。联合收割机的登记类型包括轮式联合收割机、履带式联合收割机。

进行唯一性检查时，首先应熟练掌握以下对应定义或规定：

（1）轮式拖拉机即通过车轮行走的两轴或多轴拖拉机。

（2）手扶拖拉机即由扶手把操纵的单轴拖拉机。

（3）履带拖拉机即装有履带行走装置的拖拉机。

（4）拖拉机运输机组即由拖拉机牵引一辆挂车组成的用于载运货物的机动车，包括轮式拖拉机运输机组、手扶拖拉机运输机组。其中，拖拉机运输机组中的拖拉机是指最高设计车速不大于20km/h，牵引挂车方可从事道路货物运输作业的手扶拖拉机，以及最高设计车速不大于40km/h，牵引挂车方可从事道路货物运输作业的轮式拖拉机。根据《机动车安全运行技术条件》（GB 7258—2017）规定，手扶拖拉机运输机组包含手扶变型运输机。

（5）手扶变型运输机，指发动机12h标定功率不大于14.7kW，采用手扶拖拉机底盘，将扶手把改成方向盘，与挂车连在一起组成的折腰转向式运输机组。

（6）挂车，按结构分为半挂车与全挂车两大类型，按功能又分为自卸挂车与不自卸挂车两种型式。半挂车是由半挂牵引车牵引且部分质量由牵引车承受的挂车。全挂车的负荷由自身全部承担，与拖拉机仅用挂钩连接。手扶拖拉机和轮式拖拉机牵引的农用挂车相关要求可参照国家标准《农用挂车》（GB/T 4330—2003）。

（7）轮式联合收割机即装有车轮行走装置的联合收割机。

（8）履带式联合收割机即装有履带行走装置的联合收割机。

注意事项：理解并掌握上述概念的目的，就是要求检验人员在确认类型时，不仅检查相关铭牌与出厂合格证明是否一致，而且还要确认送检的拖拉机和联合收割机是否符合相关规定，并严格执行标准。《拖拉机和联合收割机登记规定》实施后，部分地区对原登记机型的数据库进行了转换，在检查"类型"时，应注意区分、确认。

（三）品牌型号

品牌型号检查，主要是根据检验类型对送检拖拉机或联合收割机及标志与出厂合格证明或进口凭证或行驶证相关记录进行比对。

机身标志提供了拖拉机或联合收割机最基本的信息，是品牌型号项目检查、核对的重点。根据《农业机械运行安全技术条件》（GB 16151—2008）规定，拖拉机、联合收割机机身标志应符合以下要求：

（1）拖拉机机身前部外表面的易见部位应至少装置一个能持续保持的商标或厂标。拖拉机应装置能持续保持的产品中文标牌。产品标牌应固定在一个明显的、不受更换部件影响的位置，其具体位置应在产品技术文件要求中指明。标牌应标明品牌、型号、发动机标定功率、出厂编号、出厂年月及生产厂名。组成拖拉机运输机组的拖拉机还应补充标明"使用质量"。

（2）挂车应装置能持续保持的产品中文标牌，产品标牌应固定在一个明显的、不受更换部件影响的位置，其具体位置应在产品技术文件要求中指明。标牌应标明品牌、型号、总质量、载质量、出厂编号、出厂年月及生产厂名。

（3）联合收割机机身前部外表面的易见部位应至少装置一个能永久保持的商标或厂标。收割机应装置能永久保持的产品标牌。产品标牌应固定在一个明显的、不受更换部件影响的位置，其具体位置应在产品使用说明书中明示。标牌应标明商标品牌、收割机型号、发动机标定功率、总质量、出厂编号、出厂年月及生产制造厂名。

上面所提的"机身前部"，是指机身长度 1/2 以前的部位，并非指机身正前方；"持续保持"是指商标或厂标应以焊接或铆接等非经破坏性操作不能卸除的方式固定。若使用柔性标牌，其项目内容应采用蚀刻方式，且标牌粘接后在任何情况下都不能在不损坏标牌的整体性及蚀刻的项目内容的情况下被揭下。

拖拉机型号编制规则执行《农林拖拉机 型号编制规则》（JB/T 9831—2014）。拖拉机产品型号的组成一般由系列代号、功率代号、型式代号、功能代号和区别标志组成。系列代号用不多于 3 个大写汉语拼音字母（I、O 除外）表示，用以区别不同系列和不同的机型，如无必要可以省略，具体字母由制造商选定。功率代号用发动机标定功率值（单位为 kW）乘以系数 1.36 后取近似值的整数表示。型式代号用阿拉伯数字表示，具体见表 2-2。功能代号具体规定见表 2-3。拖拉机结构经重大改进后，可加注区别标志，用大写的英文字母（I、O 除外）或阿拉伯数字表示。

表 2-2　拖拉机型式代号

型式代号	型式	型式代号	型式
0	后轮驱动四轮式	5	自走底盘式
1	手扶式（单轴式）	6	预留
2	履带式	7	预留
3	三轮式或并置前轮式	8	预留
4	四轮驱动式	9	船式

表 2-3　拖拉机功能代号

功能代号	功能	功能代号	功能
（空白）	一般农业用	P	坡地用
G	果园用	S	水田用
H	高地隙中耕用	T	运输用
J	集材用	Y	园艺用
L	营林用	Z	沼泽地用
D	大棚用		
E	工程用	待定	其他

联合收割机型号编制规则最早使用的是 1974 年颁布的《农机具产品编号规则》NJ 89—1974。使用图号编制规则对复杂产品适用性差；1997 年颁布《农机具产品型号编制规则》JB/T 8574—1997，2013 年进行了修订，产品型号依次由分类代号、特征代号和主参数三部分组成，分类代号和特征代号与主参数之间以短横线隔开。其中，收获机械大类代号为"4"，其他型号含义见表 2-4。

表 2-4 联合收割机产品型号

序号	机具类别和名称	类别代号	代表字	字母	主参数数字意义	计量单位
4.3	谷物联合收割机	4L	联	LIAN	以形式定主参数	
4.3.1	全喂入联合收割机	4L			喂入量	kg/s
	自走式	4IZ	自	ZI	喂入量	kg/s
	悬挂式（单动力）	4LD	单	DAN	喂入量	kg/s
	悬挂式（双动力）	4LS	双	SHUANG	喂入量	kg/s
	牵引式	4LQ	牵	QIAN	喂入量	kg/s
4.3.2	半喂入联合收割机	4LB	半	BAN	割幅	cm
4.3.3	梳穗联合收割机	4LS	穗	SUI	割幅	cm
4.4	玉米收获机	4Y	玉	YU	行数	行
	自走式	4YZ	自	ZI	行数	行
	悬挂式	4YG	挂	GUA	行数	行
	牵引式	4YQ	牵	QIAN	行数	行
	联合收获机（具有脱粒功能）	4YL	联	LIAN	行数	行
4.5	薯类收获机	4U	薯	SHU	行数	行
4.6	甜菜收获机	4T	甜	TIAN	行数	行
4.7	棉花收获机	4M	棉	MIAN	行数	行
	棉秆收获机	4MG	秆	GAN	行数	行

为防止非法拼装、套用型号等违法行为，检验人员除核对相关信息外，还应当熟悉有关机型的特点以及型号编制的有关规则。拖拉机和联合收割机型号编制方法经过多次调整，部分在用机型也仍属于或沿用旧的编制规则，检查人员应当了解相关变化过程，具体如下：

（1）1979 年前生产定型的拖拉机型号，由特定意义的名词、地名或表示用途的汉字和内燃机标定功率近似值的数字两部分组成。例如东风-12 型手扶拖拉机表示功率为 8.82kW（12 马力*）的手扶拖拉机；上海-50 型拖拉机表示功率为 36.78kW（50 马力）

---

* 马力为非法定计量单位，1 马力=0.735kW。

的轮式拖拉机。

（2）1979 年后生产定型的拖拉机型号，由功率代号、特征代号和区别标志三部分组成。

①功率代号：用发动机标定功率值的整数表示，单位仍为"马力"。

②特征代号：用字母或数字代号表示。如"L"代表林业用，空白代表一般农业用。数字代号"1"代表手扶式；"2"代表履带式；"4"代表四轮驱动式。

③区别标志：用 1～2 位数字表示，以区别于不适宜用功率代号、特征代号表示的机型。凡是特征代号以数字结尾的，在区别标志前应加一短横线，使之与前面的数字隔开。如，802 表示 58.88kW（80 马力）左右的履带式拖拉机。

（四）机身颜色

拖拉机和联合收割机不属于特定车辆，对机身颜色没有特别的规定，只需核对一致性。

《农业机械出厂合格证　拖拉机和联合收割（获）机》（NY/T 3118—2017）规定，出厂时应填写描述机身颜色的汉字。单一颜色按照"红、绿、蓝、棕、紫、橙、黄、黑、灰、白"等归类填写；多颜色的按照面积较大的三种颜色填写；颜色为上下结构的，从上向下填写；颜色为前后结构的，从前向后填写；颜色与颜色之间加"/"，机身装饰线、条颜色不列入机身颜色。

按照《拖拉机和联合收割机登记规定》，拖拉机或联合收割机机身颜色变更的，应当及时办理变更登记。

（五）发动机号码、底盘/机架号码、挂车架号码

发动机号码、底盘/机架号码、挂车架号码检查是认定拖拉机和联合收割机唯一性的关键项目。

1. 强制规定

拖拉机和联合收割机的发动机型号应打印（或铸出）在气缸体易见部位，出厂编号应打印在气缸体易见且易于拓印部位，打印字高应不小于 7mm，深度应不小于 0.2mm，两端应打印起止标记；

整机型号和出厂编号应打印在机架（对无机架的拖拉机为机身主要承载且不能拆卸的构件）易见且易于拓印部位，打印字高为10mm，深度应不小于0.3mm，型号在前，出厂编号在后，两端应打印起止标记。打印的具体位置应在产品技术文件要求中指明。

挂车的型号和出厂编号应打印（或铸出）在车架上易见且易于拓印部位，打印字高为10mm，深度应不小于0.3mm，型号在前，出厂编号在后，两端应打印起止标记。其具体位置应在产品技术文件要求中指明。

2. 注意事项

（1）拖拉机和联合收割机的发动机号码、底盘号/机架号、挂车架号码不应出现被凿改、挖补、打磨、擅自重新打刻等现象。对于涉嫌被凿改、挖补、打磨、擅自重新打刻等情况的，应当首先进行拓印，必要时对打刻的字高和深度进行测量。可以通过手摸的方式感知表面平整度来确认，这也是日常检查过程中最常用也是最有效的方式之一。如，个别人员通过制作包含有关号码的整块底板重新粘贴到原号码位置上，直观上难以辨别，但是通过触摸可以发现可疑底板。

（2）涉及更换发动机机体（非整机）或维修更换相关号码所在位置部件的，应当提供合法的来历证明和相关号码打刻单位的证明并附打刻式样。

（3）检验人员应熟悉常见机型有关号码打刻位置、字体式样及大小、起止符式样等内容。同一厂家不同年度的编号规则有时也会不同。如，久保田半喂入联合收割机发动机号码，2012年前出厂的由两位英文字母加4位阿拉伯数字组成，2012年开始由3位英文字母加4位阿拉伯数字组成。

（六）外廓尺寸

1. 外廓尺寸规定

注册登记检验时，拖拉机和联合收割机的外廓尺寸应与出厂合格证或进口凭证相符。在用机检验时，拖拉机和联合收割机的外廓尺寸应与行驶证签注的内容相符。外廓尺寸的误差应不超过±5%。

拖拉机运输机组的外廓尺寸应符合国家标准 GB 7258—2017、GB 16151.1——2008 规定的限值（表 2-5）。

表 2-5　拖拉机运输机组外廓尺寸限值

类　型		长/m	宽/m	高/m
轮式拖拉机运输机组	发动机标定功率≤58kW	≤10.0	≤2.5	≤3.0
	发动机标定功率>58kW	≤12.0	≤2.5	≤3.5
手扶拖拉机运输机组（手扶变型运输机）		≤5.0	≤1.7	≤2.2

2. 检验方法及要求

用钢卷尺、水平尺、铅垂等测量长度、宽度和高度，也可用外廓尺寸检测仪。

（1）长度、宽度的测量。将拖拉机、联合收割机停放在平整、硬实的地面上，在其前后和两侧突出位置使用铅垂在地面上画出"十"字标记。为防止拖拉机、联合收割机前后突出位置不在同一中心线上，影响测试准确度，可将拖拉机、联合收割机移走，在地面的长宽标记点上分别画出平行线，在地面形成一个长方形框架（可用对角线进行校正）找出中心位置，用钢卷尺分别测出长和宽的直线距离，作为拖拉机或联合收割机的长和宽，如图 2-6 至图 2-9 所示。

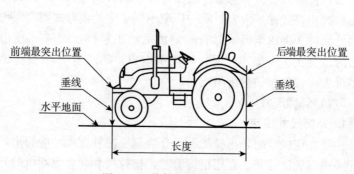

图 2-6　拖拉机长度测量示意

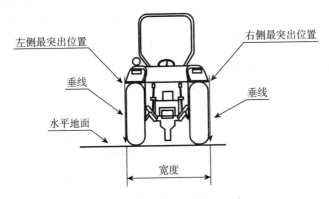

图 2-7　拖拉机宽度测量示意

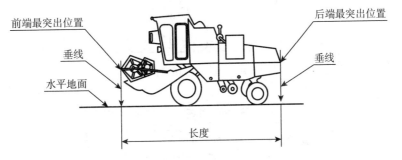

图 2-8　联合收割机长度测量示意

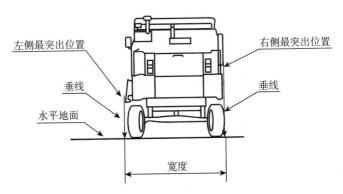

图 2-9　联合收割机宽度测量示意

（2）高度的测量。将拖拉机、联合收割机停放在平整、硬实的地面上，将水平尺放在其最高处并且保持与地面水平。在水平尺一端点使用铅垂在地面画出"十"字标记，用钢卷尺测量水平尺端点与地面"十"字标记之间的距离示值，作为拖拉机或联合收割机的高，如图2-10、图2-11所示。

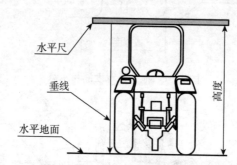

图 2-10　拖拉机高度测量示意

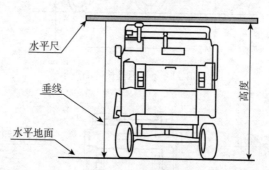

图 2-11　联合收割机高度测量示意

第三章 外观检查

外观检查是指在发动机未启动状态下，对拖拉机和联合收割机的照明及信号装置、标识、标志、后视镜、号牌座、号牌及号牌安装、挂车放大牌号等进行目测检查。

一、检查项目

根据《拖拉机和联合收割机安全技术检验规范》（NY/T 1830—2019），拖拉机和联合收割机外观检查项目主要有以下五项：①照明及信号装置；②标识、标志；③后视镜；④号牌座、号牌及号牌安装；⑤挂车放大牌号。

其中，第①项照明及信号装置，第②项标识、标志，第④项号牌座、号牌及号牌安装适用于所有类型，第③项后视镜对于其他类型拖拉机部分适用＊，第⑤项挂车放大牌号只适用于拖拉机运输机组，具体见表3-1。

表3-1 外观检查项目

检查项目	适用类型		
	拖拉机运输机组	其他类型拖拉机	联合收割机
照明及信号装置	●	●	●
标识、标志	●	●	●
后视镜	●	○＊	●
号牌座、号牌及号牌安装	●	●	●
挂车放大牌号	●	—	—

注1："其他类型拖拉机"包括轮式拖拉机、手扶拖拉机、履带拖拉机。
注2："●"表示适用于该类型，"○"表示适用于该类型的部分机型，"—"表示不适用于该类型。

二、检查方法

(一)检查流程

外观检查可按照循环（五步）检查法，从拖拉机和联合收割机正前方开始，顺时针旋转，依次通过拖拉机和联合收割机正前方、右侧、正后方、左侧和驾驶位，仔细检查以下项目：

（1）正前方。照明及信号装置（前照灯、前位灯、前转向信号灯、作业照明灯等），号牌座、号牌及号牌安装。

（2）右侧。照明及信号装置（作业照明灯、电器导线等），后视镜，标识、标志。

（3）正后方。照明及信号装置（后位灯、后工作灯、倒车灯、制动灯、后牌照灯、后转向信号灯等），标识、标志，号牌座、号牌及号牌安装，挂车放大牌号。

（4）左侧。照明及信号装置（电器导线等），后视镜，标识、标志。

（5）驾驶位。照明及信号装置（电器开关、仪表面板等），标识、标志。

(二)基本要求

外观检查第（2）项标识、标志，第（3）项后视镜，第（4）项号牌座、号牌及号牌安装，第（5）项挂车放大牌号主要通过目测检查，第（1）项照明及信号装置在目测检查的基础上，还需要两名检验员（或一名检验员和驾驶员）配合进行操作检查，最终确定检查结果，检查方法和基本要求应符合表3-2中的要求。

表3-2　外观检查项目、检查方法和基本要求

检查项目	检查方法	基本要求
照明及信号装置	目测检查、操作检查	照明及信号装置齐全完好，操作正常
标识、标志	目测检查	标识、标志齐全完好

（续）

检查项目	检查方法	基本要求
后视镜	目测检查	后视镜齐全完好
号牌座、号牌及号牌安装	目测检查	号牌座、号牌齐全完好，号牌安装正确
挂车放大牌号	目测检查	挂车放大牌号端正清晰

三、检查要求

（一）照明及信号装置

1. 总体要求

（1）灯具应安装牢固，完好有效，不应因机体振动而松脱、损坏、失去作用或改变光的方向。所有灯光的开关应安装牢靠、开关自如，不应因机体振动而自行开关。开关的位置应便于驾驶人操纵。

（2）电器导线均应捆扎成束，固定卡紧，接头牢靠并有绝缘封套。

（3）信号装置齐全有效，喇叭性能正常。

2. 拖拉机的照明及信号装置配置要求

拖拉机的照明及信号装置配置要求见表 3-3。

表 3-3　拖拉机的照明及信号装置配置

机型	前照灯	前位灯	后位灯	后工作灯	制动灯	后牌照灯	后反射器	前转向信号灯	后转向信号灯
轮式拖拉机	√	—	—	√	√	—	√	√	√
手扶拖拉机	√	—	—	—	—	—	√	√	—
履带拖拉机	√	—	—	√	—	—	√	√	√
轮式拖拉机运输机组	√	√	√	—	√	√	√	√	√
手扶拖拉机运输机组	√	—	√	—	—	√	√	√	√
手扶变型运输机	√	—	√	—	—	√	√	√	√

注："√"表示应配置，"—"表示可不配置。

（1）轮式拖拉机应至少装有前照灯 2 只、后工作灯 1 只、制动灯 2 只、前转向信号灯 2 只、后转向信号灯 2 只。轮式拖拉机运输机组在轮式拖拉机的基础上还应至少装有：前位灯 2 只、后位灯 2 只、后牌照灯 1 只，但不需要装有后工作灯。轮式拖拉机和轮式拖拉机运输机组还应装有危险报警闪光灯。

（2）手扶拖拉机应至少装有前照灯 1 只、前转向信号灯 2 只。手扶拖拉机运输机组在手扶拖拉机的基础上还应至少装有：后位灯 2 只、制动灯 2 只、后牌照灯 1 只、后转向信号灯 2 只。手扶变型运输机在手扶拖拉机运输机组的基础上还应至少装有前位灯 2 只。

（3）履带拖拉机应至少装有前照灯 2 只、后工作灯 1 只。

（4）照明和信号装置的一般要求（发动机 12h 标定功率不大于 14.7kW 的拖拉机可参照执行）。

①前照灯的近光不应眩目。

②前照灯应有远、近光变换装置，当远光变为近光时，所有远光应能同时熄灭。

③前照灯左、右及远、近光灯不应交叉开亮。

④前位灯、后位灯、牌照灯和仪表灯应能同时启闭，当前照灯关闭和发动机熄灭时应能点亮。

⑤危险报警闪光灯，其操纵装置应不受电源总开关的控制。

⑥危险报警闪光灯和转向信号灯的闪光频率应为 1.5Hz±0.5Hz，启动时间应不大于 1.5s。

⑦仪表灯点亮时，应能照清仪表板上所有的仪表并不应眩目。

⑧照明和信号装置的任一条线路出现故障，不应干扰其他线路的正常工作。

⑨制动灯的亮度应明显大于后位灯。

3. 联合收割机的照明及信号装置配置要求（表3-4）

表3-4 联合收割机的照明及信号装置配置

机型	前照灯	前位灯	后位灯	倒车灯	制动灯	后牌照灯	前转向信号灯	后转向信号灯	作业照明灯
轮式联合收割机	√	√	√	√	√	—	√	√	√
履带式联合收割机	√	—	—	—	—	—	—	—	√

注：1. "√"表示应配置，"—"表示可选配置。

2. 割幅在1.2m以下的小型简易自走式收割机至少应配置前照灯和手持工作灯。

（1）轮式联合收割机应至少装有前照灯（有远、近光）2只、前位灯2只、后位灯2只、前转向信号灯2只、后转向信号灯2只、倒车灯2只、制动灯2只、作业照明灯2只（1只照射割台前方，1只照射卸粮区）。割幅大于等于3m的应有危险报警闪光灯，有驾驶室的应装驾驶室照明灯。

（2）履带式联合收割机应至少装有前照灯2只、作业照明灯2只（1只照向割台前方，1只照向卸粮区）。半喂入的还应装有1只照射作物进入主滚筒情况的作业灯。

（3）驾驶人向后视线进入盲区的收割机应设置倒车报警装置。

（二）标识、标志

1. 总体要求

（1）操作标识应齐全完好。

（2）易发生危险的部位应设有安全警示标志且齐全完好。

（3）拖拉机运输机组应粘贴或安装反光标识，反光标识应符合《农业机械机身反光标识》（NY/T 2612—2014）的规定。

2. 操作标识

拖拉机和联合收割机机身操作标识较多，但应至少在操纵装置的操纵方向不明显时，在操纵装置上或其附近用操纵符号标明。

3. 安全标志

拖拉机和联合收割机安全标志是由图形符号、安全色、几何形状（边框）或文字构成，鲜明、醒目的标志用来传递与拖拉机和联合收割机操作有关的危险信息。

安全标志由边框围绕的两个或两个以上的矩形带构成，分竖排列和横排列，并优先采用竖排列，有四种形式：①符号带和文字带组成的两带式安全标志；②符号带、图形带和文字带组成的三带式安全标志；③图形带和文字带组成的两带式安全标志；④两个图形带组成的两带式安全标志。安全标志的组成要素主要包括符号带、图形带、文字带、基本安全警戒符号、危险程度标志词（危险、警告、注意）、安全警戒符号（含一个危险程度标志词）、安全警戒三角形（表3-5）。

表3-5 安全警戒符号

名称	图示
基本安全警戒符号	
安全警戒符号 （含一个危险程度标志词）	
安全警戒三角形	

（1）拖拉机安全标志。拖拉机驾驶人工作和维护保养时，易发

生危险的部位应加设防护装置并在明显处设置安全标志，其防护要求及安全标志应符合拖拉机安全要求 第 1 部分：轮式拖拉机（GB 18447.1—2008）和拖拉机安全要求 第 2 部分：手扶拖拉机（GB 18447.2—2008）的规定。

● 轮式拖拉机应至少设置下列危险部位的安全标志：

①禁止乘坐在非乘员位置上，如拖拉机后挡泥板处禁止乘坐的安全标志。

②悬挂装置工作时，禁止靠近的安全标志。

③动力输出轴使用的安全标志。

④水箱盖处的安全标志。

● 手扶拖拉机应至少设置下列危险部位的安全标志：

①在挡位处禁止下坡空挡滑行的安全标志。

②在机体明显处加停车、驻车制动的安全标志及单机运行限速、下坡转向操作指示等安全警示标志。

③蒸发式柴油机加水口的安全警示标志。

④加油口防火标志。

● 履带拖拉机应至少设置下列危险部位的安全标志：

①悬挂装置工作时，禁止靠近的安全标志。

②动力输出轴使用的安全标志。

③水箱盖处的安全标志。

（2）联合收割机安全标志。联合收割机切割器、割台螺旋输送器、拨禾轮、茎秆切碎器等在设计制造中无法置于防护罩内，这些运动部件有可能对身体产生伤害，应在其附近醒目处设置永久性安全标志。

拖拉机和联合收割机安全标志具体要求可查询《农林拖拉机和机械、草坪和园艺动力机械安全标志和危险图形 总则》（GB 10396—2006）。

4. 反光标识

（1）标识样式。农业机械机身反光标识由黄色、白色单元相间的条状反光膜组成，单元长度为150mm，宽度为50mm（图3-1）。

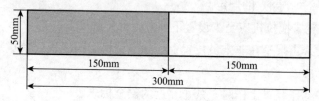

图3-1　机身反光标识式样

（2）粘贴要求。

● 通用要求：

①机身反光标识应粘贴在无遮挡且易见的机身后部、侧面外表面。

②粘贴的反光标识应由白色单元开始，白色单元结束。

③粘贴时，反光标识单元组（每单元组应包含黄、白2种颜色）的间隔不应大于150mm。

● 后部粘贴要求：

①机身后部粘贴反光标识时，在结构允许的条件下，应左右对称分布，并尽可能体现后部的宽度和高度。横向水平粘贴总长度（不含间隔部分）应不小于机身后部宽度的80%。高度上两边应各粘贴至少1个单元组机身反光标识。

②机身后部反光标识的边缘与后部灯具边缘的距离应不小于50mm。机身后部有反射器的，可不粘贴。

③粘贴允许中断，但每一连续段长度不应小于300mm，且为一个单元组。特殊情况下，允许白、黄单元分开粘贴，但应保持白、黄相间，每一连续段长度不应小于150mm。

● 侧面粘贴要求：

①机身侧面粘贴反光标识时，应尽可能连续粘贴并体现农业机械的侧面长度。当采用断续粘贴时，其总长度（不含间隔部分）不

应小于机身长度的 50%。

②采用断续粘贴时，每一连续段长度不应小于 300mm，且为一个单元组。粘贴间隔不应大于 150mm，粘贴应尽可能纵向均匀分布。特殊情况下，允许白、黄单元分开粘贴，但应保持白、黄相间，每一连续段长度不应小于 150mm。

（3）粘贴示例（图 3-2 至图 3-4）。

图 3-2 轮式拖拉机运输机组侧面粘贴示例

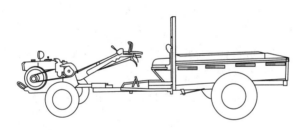

图 3-3 手扶拖拉机运输机组侧面粘贴示例

图 3-4 拖拉机运输机组后部粘贴示例

（三）后视镜

1. 总体要求

后视镜应齐全完好。

2. 拖拉机的前部左、右边应各装一面后视镜，位置应适宜，镜中影像应清晰。轮式拖拉机运输机组后视镜的性能和安装要求应符合《拖拉机安全要求 第 1 部分：轮式拖拉机》（GB 18447.1—2008）的规定：带驾驶室的拖拉机在左右各设一面后视镜，不带驾驶室的拖拉机应至少设置一个后视镜，以保证行驶和作业安全。后视镜应符合《农机拖拉机 后视镜技术要求》（GB/T 20948—2007）的规定。

（四）号牌座、号牌及号牌安装

1. 总体要求

（1）号牌应符合《拖拉机号牌》（NY 345.1—2005）、《联合收割机号牌》（NY 345.2—2005）的规定；号牌应齐全，表面清晰完整，不应有明显的开裂、折损等缺陷。

（2）号牌座应符合《拖拉机号牌座设置技术要求》（NY/T 2187—2012）、《联合收割机号牌座设置技术要求》（NY/T 2188—2012）的规定。

（3）号牌应使用号牌专用固封装置固定，固封装置应齐全、安装牢固。

2. 号牌座

号牌座对驾驶人应无任何遮挡，对拖拉机和联合收割机的正常运行、日常维护保养不应有任何影响。

（1）拖拉机至少应设置前号牌座，拖拉机运输机组应设置前、后号牌座，前号牌座应在前面的中部或右部（按拖拉机前进方向），后号牌座应在后面的中部或左部（按拖拉机前进方向）。号牌座应能保证号牌安装牢固，并应按《拖拉机号牌》（NY 345.1—2005）的要求预设水平安装孔。

（2）挂车后面横梁上应设置号牌座，其位置在中部或左部（按挂车前进方向）。号牌座应能保证号牌安装牢固，并应按《拖拉机号牌》（NY 345.1—2005）的要求预设水平安装孔。

（3）联合收割机应设置号牌座两处，分别在前面的中部或右部（面对联合收割机前方）、后面的中部或左部（面对联合收割机后方）。号牌座应能保证号牌安装牢固，并应按《联合收割机号牌》（NY 345.2—2005）的要求预设水平安装孔。

3. 号牌

拖拉机和联合收割机号牌分类见表 3-6。

（五）挂车放大牌号

拖拉机运输机组的挂车后部应喷涂放大的牌号，字样应端正、清晰。《道路交通安全法实施条例》第十三条要求"拖拉机及其挂车的车身或者车厢后部应当喷涂放大的牌号，字样应当端正并保持清晰。

表 3-6　拖拉机和联合收割机号牌分类

单位：mm

类别	外廓尺寸（长×宽）	颜色	每副号牌面数	使用范围
正式拖拉机号牌		绿底白字白框	拖拉机运输机组 2 面，其他类型拖拉机 1 面*	正式注册登记后使用
正式联合收割机号牌		白底红字红框	1*	
教练拖拉机号牌	300×165	绿底白字白框	2	教练、教学、考试使用
教练联合收割机号牌		白底红字红框		
临时行驶拖拉机号牌		白底黑字黑框	1	新机出厂转移、已注册机变更迁出收回号牌以及号牌遗失补办期间使用
临时行驶联合收割机号牌				

　*：表中的号牌面数是《拖拉机和联合收割机登记业务工作规范》中的规定要求，与《拖拉机号牌》（NY 345.1—2005）、《联合收割机号牌》（NY 345.2—2005）有所不同。

第四章　安全装置检查

安全装置是拖拉机和联合收割机的重要组成部分，是驾驶操作和维护保养时为人员提供安全保护的物理屏障。安全装置能够使人员远离那些不能合理消除的危险或者通过本质安全设计措施无法充分减少的风险。安全装置包括驾驶室及安全玻璃、安全框架和旋转、高温、易卷入等部位防护装置以及反射器、灭火器材等设施、设备。通过安全装置检查，确保齐全、有效，从而提高拖拉机和联合收割机的安全性能。

一、检查项目

根据《拖拉机和联合收割机安全技术检验规范》（NY/T 1830—2010），拖拉机和联合收割机安全装置检验项目主要有 4 项，分别为：①驾驶室；②防护装置；③后反射器；④灭火器。

其中，第①项驾驶室适用于部分拖拉机运输机组、部分其他类型拖拉机、部分联合收割机；第②项防护装置适用于拖拉机运输机组、其他类型拖拉机及各类联合收割机；第③项后反射器适用于拖拉机运输机组、各类联合收割机、部分其他类型拖拉机；第④项灭火器适用于各类联合收割机及部分拖拉机运输机组及部分其他类型拖拉机。具体见表 4 - 1。

表 4-1 安全装置检验项目

检验项目		适用类型		
		拖拉机运输机组	其他类型拖拉机	联合收割机
安全装置检查	驾驶室	○	○	○
	防护装置	●	●	●
	后反射器	●	○	●
	灭火器	○	○	●

注："●"表示适用于该类型，"○"表示该检验项目适用于该类型的部分机型。

二、检查方法

对安全装置的检查主要以目测方法为主，需要测量的项目应使用钢卷尺等工具进行测量，并与相关标准进行比对。部分项目也需要在运转状态下进行检查、判别。其中，应当注意以下几个方面：

1. 检查挡风玻璃和门窗玻璃时，应认真核对相关标识，确认其材质、品种及用途符合《汽车安全玻璃》（GB 9656—2003）规定。

2. 雨刮器检查应当在运转状态下进行，不仅要检查是否灵敏，还需检查刮刷面积是否符合规定。

3. 反射器安装位置应符合规定，安装应牢靠，检查时通过手摸等方式确认不会因机体振动而松脱。

4. 检查警告标志牌时，应将警告标志牌取出并安（组）装到使用位置，检查反光效果是否符合规定。

5. 检查灭火器时，尤其是从事运输易燃品等作业拖拉机的灭火器，除检查其是否在有效期内及是否符合压力要求外，还应检查是否适用于相应的火灾类型。

三、检查要求

（一）驾驶室

1. 总体要求

驾驶室应符合安全要求，视野良好，挡风玻璃及门窗玻璃应为安全玻璃，雨刮器灵敏有效；配置安全框架的，安全框架应齐全完好；拖拉机运输机组、轮式联合收割机应配备警告标志牌。

2. 驾驶室配置及安全要求

（1）拖拉机和联合收割机驾驶人座椅应位置可调、固定牢靠。驾驶室内部最小空间尺寸和驾驶人座位尺寸应符合《农林拖拉机和机械　安全技术要求　第 7 部分：联合收割机、饲料和棉花收获机》（GB 10395.7—2006）规定，具体尺寸如图 4-1、图 4-2 所示（尺寸为座位处于最高和中间水平位置、悬架处于中间位置时）。

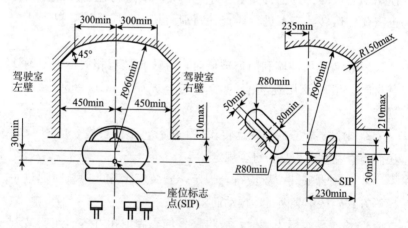

图 4-1　驾驶室最小内部空间尺寸

注：尺寸单位为 mm，max 表示最大值，min 表示最小值。

（2）驾驶室应保证良好的视野，应设置前挡风玻璃遮阳装置。前挡风玻璃的刮水器、洗涤器应灵敏有效，刮刷面积/洗涤面积能

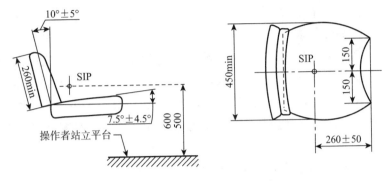

图 4-2　驾驶人座位装置尺寸

注：尺寸单位为 mm，max 表示最大值，min 表示最小值。

确保驾驶人具有良好的前方视野；联合收割机机器水平面与眼睛位置到切割器前段连线的夹角应不小于 70°，确保驾驶人在操作位置上能观察到切割器前端及割台前方情况。挡风玻璃及门窗玻璃应使用安全玻璃。

（3）驾驶室内至少有两个不在同侧的、能够容易从驾驶室内打开的应急出口，包括出入的门，应急出口横断面最小尺寸应为内包一个长轴 640mm、短轴 440mm 的椭圆。

（4）驾驶室应设置攀登用的防滑踏板和拉手，驾驶室第一级踏板距地面高度应不大于 550mm。

（5）驾驶室门窗应有自锁装置，开启和关闭应轻便灵活，并能关闭严密。

（6）按照规定安装机动车安全带，所有安全带应有认证标志且工作正常。

（7）驾驶室内、外部不应有任何能使人致伤的尖锐凸起物，内饰材料应具有较高抗燃烧特性。

（8）发动机标定功率 36.8kW 以上从事农田作业的轮式拖拉机应安装安全框架。

（9）拖拉机运输机组、轮式联合收割机应配备警告标示牌。

（二）防护装置

1. 总体要求

整机易发生危险部位应按规定加设防护装置，可开启的防护装置上应有适当的安全标志。风扇、皮带轮（含飞轮皮带轮）、飞轮、动力输出轴等外露旋转部位应有安全防护装置且完好；消声器、排气管处应有隔热防护装置且完好；全挂挂车的车厢应装置防护网（架）。

2. 旋转部位防护装置及安全要求

（1）链条、胶带、缆索、转轮、转轴等外露传动机件及风扇进风口、割刀端部、茎秆切碎器端部应设置防护板（罩、网）。

（2）万向节及其传动轴在防止身体接触的部位应设置安全防护罩。

（3）对联合收割机切割器、割台螺旋输送器、拨禾轮、茎秆切碎器等设计制造中无法置于防护罩内，有可能对身体产生伤害的运动部件，应在其附近醒目处设置永久性安全标志。

（4）联合收割机粮箱的分配螺旋输送器应有防护装置。

3. 隔热防护装置及安全要求

（1）散热器外侧应设有网罩等防护装置。发动机排气管高温处会对人体产生伤害的地方，应设置防护板（罩、网）。

（2）燃油箱、蓄电池不应安装在驾驶室内，与发动机排气管之间的距离应不小于300mm，或设置有效的隔热装置；燃油箱距裸露电气接头及电器开关200mm以上，或设置有效的隔热装置。

（3）从事田间收获、脱粒、运输易燃品等作业的拖拉机排气管应加装安全可靠的熄灭废气火星的装置。

4. 挂车防护网及安全要求

全挂挂车的车厢底部至地面距离大于800mm时，应在前后轮间外侧装置防护网（架），本身结构已能防止行人和骑车人等卷入的除外。

（三）后反射器

后反射器应能保证夜间在其正面前方 150m 处用前照灯照射时，在照射位置能确认其反射光。

（四）灭火器

联合收割机和从事田间收获、脱粒、运输易燃品等作业的拖拉机应配备可靠、有效的灭火器。

第五章　底盘检验

底盘主要由传动系统、行走系统、转向系统、制动系统、动力输出装置等组成。底盘检验是通过启动拖拉机或联合收割机，判断其传动系、行走系、转向系和制动系是否符合运行安全要求。

一、检验项目

根据《拖拉机和联合收割机安全技术检验规范》（NY/T 1830—2019），拖拉机和联合收割机底盘检查项目共 4 项分别为：传动系、转向系、机架及行走系、制动系。

二、检验方法

底盘检验通过目测、耳听、操作感知、测量和运转检查等方式完成。底盘检验内容及方法可参照表 5-1。

表 5-1　底盘检验内容及检查方法

检验项目	检验内容	检查方法
传动系	1. 换挡操纵应平顺，不乱挡、不脱挡	耳听、操作感知
	2. 运转平稳，无异响	耳听、操作感知、运转检查
	3. 离合器分离彻底，接合平稳可靠，不打滑、不抖动	操作感知、运转检查
转向系	1. 转向盘最大自由转动量应不大于30°	目测、操作感知、测量
	2. 臂、拉杆连接可靠不变形，间隙适当，无明显松旷	目测、操作感知
	3. 转向灵活，操纵方便，无阻滞	目测、耳听、操作感知

（续）

检验项目	检验内容	检查方法
机架及行走系	1. 同轴两胎同型，轮胎≤25mm 裂伤，无缺损变形，胎压正常，轮毂、轮辋等无明显裂纹及无影响安全的变形	目测、测量（胎纹尺/胎压计）
	2. 履带无裂变，驱动轮、履带、导轨等无顶齿及脱轨	目测
	3. 前轮前束、履带张紧度应符合技术要求	目测
制动系	1. 无擅自改动，各部位应全完好、紧固牢靠	目测、运转检查
	2. 制动管路无泄漏	目测

三、检验要求

（一）传动系

传动系将发动机曲轴输出的动力传给驱动轮。主要由离合器、变速器、中央传动、转向机构、最终传动等装置组成。

1. 拖拉机传动系应满足下列要求

（1）离合器、变速器、分动器、驱动桥、最终传动装置、动力输出装置及启动机传动机构的外壳无裂纹，运转时无异响、无异常温升现象。

（2）离合器分离应彻底，接合平稳，不打滑，不抖动，其自由行程应符合产品技术文件要求。离合器操纵力：

踏板操纵力应不大于 350N（双作用离合器应不大于 400N）；

手柄操纵力应不大于 100N（拖拉机运输机组手握力应小于等于 200N）。

（3）变速箱不应有乱挡和自动脱挡现象。

（4）装有差速锁的拖拉机差速锁应可靠，操作手柄或踏板回位应迅速，无卡滞现象。

（5）采用三角带传动，主被动轮中心线平行，轮槽中心线对齐、不偏斜，用四指下压皮带轮中部，其下降量为 20～30mm。

2. 联合收割机传动系应满足下列要求

（1）离合器、变速器、后桥、最终传动装置应紧固可靠，运转时无异响、无异常温升现象。

（2）离合器踏板的自由行程应符合技术文件的规定，应分离彻底，接合平稳，不打滑，不抖动。踏板操纵力应不大于 350N。

（3）换挡操纵应平顺，不乱挡、不跳挡。

（二）转向系

转向系用来控制拖拉机和联合收割机的行驶方向。它由转向操纵机构、转向传动机构和差速器等装置组成。

1. 拖拉机转向系应满足下列要求

（1）转向系应转向灵活，操纵方便，无阻滞现象；按《农业机械运行安全技术条件》（GB 16151—2008）规定，其最大自由转动量应不大于 30°（GB 7258 6.4—2017），其他机动车为不大于 25°。按《机动车运行技术条件》（GB 7258 6.3—2017）规定，轮式拖拉机运输机组正常行驶时，转向轮转向后应有一定的回正能力（允许有残余角），以使其具有稳定的直线行驶能力。

（2）拖拉机转向应设置转向限位装置。转向系统在任何操作位置上，不允许与其他部件有干涉现象。

（3）转向系转向应轻便灵活，在平坦、干硬的道路上不应有摆动、抖动、跑偏及其他异常现象。

（4）转向盘的操纵力：机械式转向器应不大于 250N；全液压式转向器失效时，应不大于 600N。

（5）转向机构应保证平稳转向，最小转向圆直径应符合产品技术文件要求。

（6）转向垂臂、转向节臂及其间的纵、横拉杆连接可靠不变形，球头间隙及前轮轴承间隙适当，不应有松旷现象，在平坦道路区段高速行驶时，前轮不应有明显摆动。

（7）全液压转向轮从一侧极限位置转到另一侧极限位置时，转向盘转数不应超过 5 圈。

（8）液压转向系油位应正常，各处不应渗漏，油路中无空气。

（9）履带拖拉机转向操纵杆的工作行程和自由行程符合产品技术文件要求，最大操纵力应不大于 250N。

（10）履带拖拉机转向操纵杆及制动踏板工作可靠，应能原地转向。

（11）手扶拖拉机扶手把组合不应有裂纹和变形，紧固应牢靠；右转向拉杆自由行程应调整一致，分离彻底，转向灵活，回位及时。彻底分离时，转向把手与扶手把套之间应有 2～4mm 间隙。手扶拖拉机运输机组的转向离合器把手操纵力应不大于 50N。

2. 联合收割机转向系应满足下列要求

（1）转向盘的最大自由转动量应不大于 30°。

（2）在平坦、干硬的道路上转向应轻便灵活，不应有摆动、抖动、跑偏及其他异常现象。

（3）转向盘操纵力：机械式转向器应不大于 250N，全液压式转向器不大于 15N（当熄灭发动机，齿轮泵停转，手动转向泵起作用时，应不大于 600N）。

（4）全液压转向轮从一侧极限位置转到另一侧极限位置时，转向盘转数应不超过 5 圈。

（5）液压转向系应工作正常，工作中各处液压部件及管路应无渗漏现象。

（三）机架及行走系

行走系将拖拉机和联合收割机各装置部件连成一体，支撑整机的重量，并保证拖拉机、联合收割机行驶。它由机架、车桥（前桥、后桥）、车轮（前轮、后轮）或履带等机构组成。

1. 拖拉机机架及行走系应满足下列要求

（1）机架应完整，不应有裂纹和影响安全的变形及严重锈蚀现象，螺栓和铆钉不应缺少和松动。

（2）前、后桥不应有影响安全的变形和裂纹，发动机支架不应有裂纹。

（3）轮毂、轮辋、辐板、锁圈不应有裂纹及不应有影响安全的变形；螺母齐全，并按规定力矩紧固。

（4）轮胎型号应符合产品技术文件规定，运输作业时不应装用胎纹磨平的驱动轮和胎纹高度低于 3.2mm 的转向轮，不应装用翻新的轮胎。轮胎胎壁和胎面不应有露线及长度大于 25mm、深度足以暴露出帘布层的破裂和割伤。

（5）驱动轮胎纹方向不应装反（沙漠中除外），同一轴上的左右轮胎型号、胎纹相同，磨损程度大致相等。

（6）拖拉机运输机组不准装用高胎纹轮胎。

（7）轮胎气压应符合产品技术文件要求，左右一致。

（8）前轮结束值应符合产品技术文件要求规定。

（9）前后轮应按技术文件要求设置挡泥板。

（10）履带缓冲弹簧经预压后的长度应符合规定，并且左右相等。引导轮轴及其叉臂装置应能无阻地前后运动。

2. 联合收割机机架及行走系应满足下列要求

（1）轮毂应完好，安装松紧适度。轮辋、辐板、锁圈应无裂纹，不变形，螺母齐全，紧固可靠。

（2）轮胎型号应符合技术文件的要求，不准内垫外包，不准装用胎纹磨平的驱动轮和胎纹高度低于 3.2mm 的转向轮，不应有严重外伤及磨损露线现象。

（3）驱动轮胎纹不应倒装。同一轴上的左右轮应装相同型号胎纹及磨损大致相等的轮胎。

（4）轮胎气压应符合规定，左右一致。

（5）转向轮的结束值应符合技术文件的要求。

（6）左右履带与收割机纵向中心线应保持平行，驱动轮与履带板不应有顶齿及脱轨现象。

（7）履带张紧装置应有效，张紧度应符合技术文件的要求。

3. 挂车应满足下列要求

（1）车架和悬架不应有裂纹和影响安全的变形。

（2）钢板弹簧应固定牢靠、无裂纹。

（3）轮胎型号应符合产品技术文件要求规定，同一轴上的左右轮胎型号相同、磨损程度大致相等，气压符合产品技术文件要求，不应使用内垫外包、胎纹磨平、胎面和胎壁长度超过 25mm、深度足以暴露出帘布层的破裂和割伤的轮胎。

（4）车轮轮辋应无裂纹、不变形，螺母齐全，紧固可靠。

（5）车轮转动灵活，无碰擦及松旷现象，轴承处的调整螺母锁定可靠，并装置防尘罩。

（6）牵引架不应变形，应装置有保险索、链。

（7）牵引架与拖拉机连接插销应锁定可靠，牵引环在拖拉机牵引叉中转动灵活。

（8）挂车与手扶拖拉机挂接后，插销与牵引框孔之间的间隙应保证操纵把手的上、下移动幅度不大于 200mm。

（9）全挂挂车的上下转盘相对转动灵活。

（10）全挂挂车的车厢底部至地面距离大于 800mm 时，应在前后轮间两外侧装置防护网（架），但本身结构已能防止行人和骑车人等卷入的除外。

（11）挂车后面横梁上应设置号牌座，其位置在中部或左部。

（四）制动系

制动系用以迅速降低拖拉机或联合收割机的行驶速度以至停机。它由制动器和制动传动机构等组成。

1. 拖拉机制动系应满足下列要求

（1）一般要求。

①装有左右踏板的制动器，左右踏板的脚蹬面应位于同一平面上，应有可靠的联锁装置和定位装置。

②制动踏板的自由行程应符合产品技术文件要求，制动应平稳、灵敏、可靠。

③制动最大操纵力：踏板操纵力应不大于 700N，手柄操纵力应不大于 400N。

④制动踏板在产生最大制动作用后，应留有储备行程，不得少于 1/5 以上的总行程量。

⑤轮式拖拉机运输机组牵引的载质量大于等于 3t 的挂车与拖拉机意外脱离后，挂车应能自行制动，拖拉机的制动仍然有效。

（2）气压制动系。

①储气筒应设置放水阀，其容量应保证在调压阀调定的最高气压下，且在不继续充气的情况下连续 5 次全行程制动后，气压不低于 400kPa。

按《机动车运行 安全技术条件》（GB 7258—2017）中 7.7.1 规定，采用气压制动的机动车，在气压升至 750kPa（或能达到的最大行车制动管路压力，两者取小的值）且不使用制动的情况下，停止空气压缩机工作 3min 后，其气压的降低值应小于等于 10kPa。在气压为 750kPa（或能达到的最大行车制动管路压力，两者取小的值）的情况下，停止空气压缩机工作，将制动踏板踩到底，待气压稳定后观察 3min，气压降低值对轮式拖拉机运输机组应小于等于 30kPa。

②制动系各部位应不漏气，当气压升至 600kPa 时，且不使用制动的情况下，停止空气压缩机 3min 后，其气压降低值应不超过 10kPa。

③发动机在中速运转时，4min 内（带挂车为 6min）气压表的指示气压应从 0 升至 400kPa。

④储气筒应有限压装置，确保气压不超过允许的最高气压。

⑤当制动系统的气压低于限压装置限制压力一半时，报警装置应能连续向驾驶员发出容易听到和/或看到的报警信号。

（3）液压制动系。前后轮均采用液压制动系的拖拉机应为双管路制动系统，制动油位应正常，管路不应漏油或进气；当制动达到最大效能时，保持 1min，踏板不应有缓慢向底板移动现象；当部分管路失效时，剩余制动效能仍能保持原规定值的 30% 以上。

2. 联合收割机制动系应满足下列要求

（1）制动器踏板应防滑，左右踏板应有可靠的联锁装置和定位装置。

（2）制动器工作应平稳、灵敏、可靠，两侧制动器的制动能力应基本一致，左右踏板的脚蹬面应位于同一平面上。

（3）制动踏板的自由行程应符合技术文件的规定。

（4）制动踏板或手柄在产生最大制动作用后，应留有 1/5 以上的储备行程。

（5）液压制动系的油位应正常，油品合格，不应漏油或进气。

（6）制动踏板的操纵力应不大于 600N，制动手柄的操纵力应不大于 400N。

（7）停车制动装置应保证收割机向上或向下可靠停驻在（轮式坡度为 20%、链式坡度为 25%）纵向干硬坡道上，时间大于 5min。

（8）轮式自走式收割机运输状态以 20km/h（低于 20km/h 的按该机最高速度）的速度行驶于干燥、平坦的混凝土路面或沥青路面上，其制动距离 S 应符合下列规定：

制动器冷态时：$S_冷 \leqslant 6m$；

制动器热态时：$S_热 \leqslant 9m$。

（9）制动稳定性要求：减速度不大于 $4.5m/s^2$ 时，后轮不应跳起。

第六章 作业装置检验

作业装置用以连接农机具并控制其工作状态，完成各种作业。它由液压系统和悬挂机构等部分组成。

一、检验项目

由《拖拉机和联合收割机安全技术检验规范》（NY/T 1830—2019）可知，拖拉机和联合收割机作业装置检验项目主要有 6 项，分别为：①液压系统、悬挂及牵引装置；②割台装置；③传动与输送装置；④脱粒清选装置；⑤剥皮装置；⑥秸秆切碎装置。

其中，第①项液压系统、悬挂及牵引装置适用于部分拖拉机运输机组和部分其他类型拖拉机及全部各类联合收割机；第②项割台装置、第③项传动与输送装置适用于各类联合收割机；第④、第⑤、第⑥项仅适用于部分机型的联合收割机。具体见表 6-1。

表 6-1 作业装置检查项目

检查项目	适用类型		
	拖拉机运输机组	其他类型拖拉机	联合收割机
液压系统、悬挂及牵引装置	○	○	●
割台装置	—	—	●
传动与输送装置	—	—	●
脱粒清选装置	—	—	○
剥皮装置	—	—	○
秸秆切碎装置	—	—	○

注1："其他类型拖拉机"包括轮式拖拉机、手扶拖拉机、履带拖拉机。

注2："●"表示适用于该类型，"○"表示适用于该类型的部分机型，"—"表示不适用于该类型。

二、检验方法

作业装置检验是目测和运转检查相结合。先目测，再进行运转检查。

三、检验要求

(一)液压系统、悬挂及牵引装置

1. 液压系统应满足下列要求

(1)工作平稳，定位及回位正常。

(2)在工作状态下，液压系统应无泄漏、无异响。

(3)液压系统各机构工作灵敏。在最高压力下元件和管路联结处或机件和管路联结处，均不应有泄漏现象。

(4)工作中无异常的噪声和管道振动，液压油温度正常，无异常温升。

(5)液压转向、操纵系统的压力应符合技术文件的要求，确保行驶中转向轻便、可靠有效。

2. 悬挂及牵引装置应满足下列要求

(1)悬挂及牵引装置牢固，各调整装置、安全链、插销、锁销应齐全完好。

(2)液压悬挂机构升降平稳，应有限位或锁定装置。

(3)分置式液压系统升降操纵系统定位和回位作用正常。

(4)液压系统操纵手柄应定位准确，手柄操纵工况应符合标注位置。

(5)液压悬挂及牵引装置各杆件不应有裂纹、损坏和影响安全的变形，限位链、安全链及各插销应齐全完好，各零部件应无异常磨损。

(6)拖拉机运输机组的牵引装置应牢固，无严重磨损，牵引销应有保险锁销，并配有保险索、链。

检验时：首先，在静态下查看液压系统有无泄漏现象，各零部件是否有异常磨损，各杆件有无裂纹、损坏和影响安全的变形，悬挂及牵引装置是否牢固，各调整装置、安全链、插销、锁销是否齐全完好。其次，在运转状态下进行动态检验，启动机械查看液压系统工作是否平稳，定位及回位是否正常，有无泄漏和异常声响。

（二）割台装置

1. 在静态下查看以下 6 方面

（1）割台传动机构应具有防止意外接合的机构。

（2）护刃器的定刀片铆合应可靠，护刃器安装牢固。

（3）分禾器不应变形，安装可靠。

（4）液压升降割台应有可靠的割台锁定装置。割台提升油缸安全支架应齐全完好。

（5）割台或割台挂车与主机连接处的插销应有防止脱落的措施。

（6）割刀切割间隙、搅龙与底面间隙应适宜。

2. 在运转状态下进行动态检验

启动机械查看割台升降是否灵活；割刀行程是否符合要求，切割与喂入、摘穗装置运转是否平稳可靠，有无异响。

（三）传动与输送装置

传动与输送装置应满足：各传动皮带、链条无明显松动，安全离合器、输送搅龙、链扒运转平稳可靠、无异响。

首先，在静态下查看传动皮带的张紧度是否正常，在 4kg 力的作用下，传动皮带的下陷度是否适宜，链条张紧度是否适宜。其次，在运转状态下进行动态检验。启动机械查看安全离合器、输送搅龙、链扒运转是否平稳可靠，有无异响。

（四）脱粒清选装置

脱粒清选装置应满足：脱粒滚筒、清选筛、风扇等运转平稳可靠、无异响。

1. 在静态下查看以下 5 方面

（1）滚筒的纹杆、辐盘应无裂纹，滚筒与凹板间隙适当。

（2）A 型纹杆安装后，螺栓头部不应高出凸纹，纹杆螺栓应坚固可靠。

（3）滚筒轴不应弯曲，滚筒转动应灵活，无轴向窜动。

（4）逐稿轮及喂入轮与轴的联结可靠，转动轻便、灵活，钉齿安装时不应反装，叶片不应变形。

（5）收割机逐稿器后装有切碎器时，应设置茎秆堵塞报警器。

2. 在运转状态下进行动态检验

启动机械查看脱粒滚筒、清选筛、风扇等运转是否平稳可靠、有无异响。

（五）剥皮装置

剥皮装置应满足：剥皮装置、剥皮辊、压送器应运行平稳可靠，并且无异响。

1. 在静态下查看以下 4 方面

（1）剥皮装置上的零部件连接应牢固。

（2）剥皮装置的安全防护罩应完好。

（3）不能置于安全防护罩下的运动部件，应安装永久性安全警告标志。

（4）剥皮辊压紧度调整应操作方便、定位可靠，调整弹簧应有防护套。

2. 在运转状态下进行动态检验

（1）剥皮装置启动应方便平稳，离合器结合应可靠，分离彻底。

（2）调整机构应操纵灵活、准确到位。

（3）工作部件运转应平稳，无卡、碰和异常声音。

（4）连接件、紧固件不得松动。

（六）秸秆切碎装置

秸秆切碎装置应满足：切碎刀辊安装牢靠、运转平稳可靠、无异响。

1. 在静态下查看以下 3 方面

（1）秸秆切碎装置的刀片在其滚筒上应当安装可靠。

（2）悬挂式秸秆切碎装置，其动力系统在脱粒机分离时应当分离。

（3）刀片顶点回转周围安全距离应大于 850mm，防护装置的下边缘离水平地面的高度如果小于 1 100mm，刀片顶点回转周围安全距离可减至 550mm。

2. 在运转状态下进行动态检验

启动机械，切碎刀辊应当运转平稳可靠、无异响。

第七章 制动检验

拖拉机和联合收割机的制动性能是其安全作业的重要保障。评价拖拉机或联合收割机制动性能的指标一般有制动距离、制动减速度、制动力、制动时间及制动稳定性。

一、检验项目

根据《拖拉机和联合收割机安全技术检验规范》（NY/T 1830—2019）规定，拖拉机和联合收割机制动检验主要检验制动性能。

二、检验方法

（一）路试检验

1. 检验前的准备。气压制动的拖拉机的贮气筒压力应能保证各轴制动力测试完毕时，气压仍不低于起步气压（未标起步气压者，按400kPa计）。液压制动的拖拉机，在运转检验过程中，如发现踏板沉重，应将踏板力计装在制动踏板上。

2. 路试制动性能检验应在纵向坡度不大于1%，轮胎与路面之间的附着系数应不小于0.7的平坦、干燥、清洁的硬路面上进行。

3. 在试验路面上，按照《农业机械运行安全技术条件 第1部分：拖拉机》（GB 16151.1—2008）中9.4.1款的规定划出试验通道的边线，被测拖拉机和联合收割机沿着试验通道的中线行驶。

4. 轮式拖拉机以20～29km/h（手扶拖拉机运输机组以15～20km/h）的初速度行驶时，置变速器于空挡，急踩制动，使拖拉机停止，使用卫星定位、激光制动性能检测仪或第五轮仪等设备测量充分发出的平均减速度、制动协调时间或制动距离，并检查拖拉机有无驶出试验通道。

5. 轮式联合收割机以 15～24km/h（低于 20km/h 的按该机最高速度）的初速度行驶时，置变速器于空挡，急踩制动，使联合收割机停止，使用卫星定位、激光制动性能检测仪或第五轮仪等设备测量充分发出的平均减速度、制动协调时间或制动距离，并检查联合收割机有无驶出试验通道。

6. 无检测仪器的，采用人工测量法。当拖拉机、轮式联合收割机行驶至起点位置时，急踩制动，使其停止，测量起点位置至停止位置的距离，并检查有无驶出试验通道。

（二）台试检验

台试检验适用于对轮式拖拉机、手扶拖拉机运输机组（手扶变型运输机）、轮式拖拉机运输机组的制动性能检验。

1. 检验前准备

气压制动的拖拉机，贮气筒压力应能保证各轴制动力测试完毕时，气压仍不低于起步气压（未标起步气压者，按 400kPa 计）。液压制动的拖拉机在运转检验过程中，如发现踏板沉重，应将踏板力计装在制动踏板上。

2. 平板式制动检验台制动性能检验

（1）检验前准备。检验前应准备工作如下：

①制动检验台表面应清洁，没有异物及油污。

②检验辅助器应齐全。

（2）检验员以 5～10km/h 的速度驾驶被检拖拉机驶上检验台。当被检拖拉机驶上检验台时，急踩制动，使拖拉机停止在测试区，测得各轮的动态轴荷、静态轴荷、最大轮制动力等数值。

（3）按照规定计算各轴的制动率、轴制动不平衡率和整机制动率等指标。

①轴制动率为测得的该轴左、右轮最大制动力之和与该轴动态轴荷的百分比,动态轴荷取制动力最大时刻的左、右轮荷之和。

②以同轴任一轮产生抱死滑移或左、右轮均达到最大制动力时为取值终点,取制动力增长过程中测得的同时刻左、右轮制动力差的最大值为制动力差的最大值,用该值除以左、右轮最大制动力中的大值,得到轴制动不平衡率。

③整机制动率为测得的各轮最大制动力之和与该机各轴静态轴荷之和的百分比。

（4）被检拖拉机制动停止时如被检前车轮已离开平板,则此次制动测试无效,应重新测试。

3. 滚筒反力式制动检验台检验

（1）检验前准备工作。

①制动检验台表面应清洁,没有异物及油污。

②检验辅助器应齐全。

（2）滚筒反力式制动检验台仅适用于检验装有平花胎的拖拉机。

（3）被检拖拉机正直居中行驶,各轴依次停放在轴重仪上,分别测出静态轴荷。

（4）被检拖拉机正直居中行驶,将被测试车轮停放在滚筒上,变速器置于空挡,启动滚筒电机,在 2s 后开始测试。

（5）检验员按指示（或按厂家规定的速率）将制动踏板踩到底（或在装踏板力计时踩到制动性能检验时规定的制动踏板力）,测得左右车轮制动力增长全过程的数值及左右车轮最大制动力,并依次测试各车轴。按规定计算各轴制动率、轴制动不平衡率和整机制动率等指标。

①轴制动率为测得的该轴左、右轮最大制动力之和与该轴静态轴荷（平板式的为动态轴荷）的百分比。

②以同轴任一轮产生抱死滑移或左、右轮均达到最大制动力时为取值终点,取制动力增长过程中测得的同时刻左、右轮制动力差

的最大值为制动力差的最大值，用该值除以左、右轮最大制动力中的大值，得到轴制动不平衡率。

③整机制动率为测得的各轮最大制动力之和与该机各轴静态轴荷之和的百分比。

（6）为防止被检拖拉机在滚筒反力式制动检验台上后移，可在非测试车轮后方垫三角垫块或采取整机牵引的方法。

（7）制动性能复检项目。复检项目为上次检验不合格项目，但对于行车制动检验项目中，出现某一轴制动性能不合格的，只复检该轴制动性能，出现正常制动性能不合格的，复检整车制动性能。

（8）情况处置。

①在滚筒反力式制动检验台上检验时，被测试车轮在滚筒上抱死但整车制动率未达到合格要求时，应在拖拉机上增加足够的附加质量或相当于附加质量的作用力（在设备额定载荷内，附加质量或作用力应在该轴左、右车轮之间对称作用，不计入静态轴荷）后，重新测试；或换用平板制动检验台或采用路试检验。

②在滚筒反力式制动检验台上检测受限的拖拉机或底盘动态检验过程中点制动时无明显跑偏，但左、右制动力差不合格的拖拉机，应换用平板制动检验台或采用路试检验。

三、检验要求

1. 用充分发出的平均减速度检验制动性能

（1）充分发出的平均减速度（MFDD）。指去除制动减速度增长阶段和制动减速度衰减阶段后，由制动系统充分发出的较为稳定的减速度。

用充分发出的平均减速度（MFDD）检验制动性能推导公式：

充分发出的平均减速度（MFDD）：

$$MFDD = \frac{V_b^2 - V_e^2}{25.92(S_e - S_b)}$$

式中 MFDD——充分发出的平均减速度，单位为 m/s²；

V_o——试验车制动初速度，单位为 km/h；

V_b——0.8V_o，试验车速，单位为 km/h；

V_e——0.1V_o，试验车速，单位为 km/h；

S_b——试验车速从 V_o 到 V_b 之间车辆行驶的距离，单位为 m；

S_e——试验车速从 V_o 到 V_e 之间车辆行驶的距离，单位为 m。

（2）制动协调时间。指在急踩制动时，从脚接触制动踏板或手触动制动手柄时至减速度达到充分发出的平均减速度规定的 75% 时所需的时间。

（3）制动稳定性。指制动过程中的任何部位不应超出试验通道宽度。

（4）拖拉机和联合收割机在规定的初速度下急踩制动时充分发出的平均减速度、制动协调时间及制动稳定性要求应符合表 7-1 的规定。

表 7-1 机械类型与试验通道宽度对照

机械类型	充分发出的平均减速度/（m/s²）	制动协调时间/s	试验通道宽度/m
轮式拖拉机	≥3.55	液压制动≤0.35	3.0
轮式拖拉机运输机组	≥3.55	机械制动≤0.35	3.0
手扶拖拉机运输机组	≥3.55	气压制动≤0.6	2.3
轮式联合收割机	≥3.55	运输机组≤0.53	机宽/m+0.5

注：机宽大于 2.55m 的拖拉机，其试车道宽度为"机宽/m+0.5"；手扶变型运输机制动协调时间按照机械制动的要求执行。

（5）必须同时满足充分发出的平均减速度、制动协调时间和制动稳定性的要求。因为只有充分发出的平均减速度和制动协调时间均符合要求，制动距离才能符合要求。如果制动协调时间不符合要求，即使制动减速度很大，但是由于制动响应时间较长，最终制动距离仍然不能满足要求。

2. 用制动距离检验制动性能

（1）制动距离。指拖拉机和联合收割机在规定的初速度下紧急制动时，从脚接触制动踏板或手触动制动手柄时起至拖拉机、联合收割机停住时止，拖拉机、联合收割机行驶过的距离。

（2）制动稳定性。指制动过程中的任何部位不应超出试验通道宽度。

（3）轮式拖拉机、轮式拖拉机运输机组检验制动距离要求。

①空载：轮式拖拉机、轮式拖拉机运输机组在规定的初速度下紧急制动时，从脚接触制动踏板或手触动制动手柄时起至停住时止，行驶过的距离不超过限值（表7-2）。

表7-2 轮式拖拉机、轮式拖拉机运输机组制动初速度与制动距离对照

制动初速度/（km/h）		20	21	22	23	24	25	26	27	28	28
制动距离/m	轮式拖拉机	6.40	6.95	7.52	8.11	8.72	9.36	10.02	10.70	11.40	12.12
	轮式拖拉机运输机组	6.00	6.53	7.08	7.65	8.24	8.86	9.50	10.15	10.83	11.54

注：初速度为20～29km/h的非整数时，修约到整数，按修约后的初速度所对应的制动距离作为其限值。

②重载：轮式拖拉机运输机组重载制动距离≤6.5m（时速20km/h，试验通道宽度3.0m），手扶拖拉机运输机组重载制动距离≤6.5m（时速20km/h，试验通道宽度2.3m）。

拖拉机运输机组检验时，踏板力应小于等于600N（GB 7258—2017中7.10.2.3）。

（4）手扶拖拉机运输机组空载检验制动距离要求。手扶拖拉机运输机组（手扶变型运输机）在规定的初速度下紧急制动时，从脚

接触制动踏板或手触动制动手柄时起至停住时止，行驶过的距离不超过限值（表7-3）。

表7-3　手扶拖拉机运输机组、手扶变型运输机制动初速度与制动距离对照

制动初速度/（km/h）		15	16	17	18	19	20
制动距离/m	手扶拖拉机运输机组	3.90	4.34	4.79	5.27	5.77	6.29
	手扶变型运输机	4.06	4.50	4.97	5.46	5.97	6.50

注：初速度为15～20km/h的非整数时，修约到整数，按修约后的初速度所对应的制动距离作为其限值。

（5）轮式联合收割机制动距离要求。轮式联合收割机在规定的初速度下紧急制动时，从脚接触制动踏板或手触动制动手柄时起至停住时止，按GB 16151—2008规定行驶过的距离不超过6m/9m（时速20km/h时，制动器冷态/热态），以下多点速度下的限值仅供参考（表7-4）。

表7-4　轮式联合收割机制动初速度与制动距离对照

制动初速度/（km/h）	15	16	17	18	19	20	21	22	23	24
制动距离/m	3.90	4.34	4.79	5.27	5.77	6.29	6.83	7.4	7.99	8.59

注：初速度为15～24km/h的非整数时，修约到整数，按修约后的初速度所对应的制动距离作为其限值。

（6）用制动距离检验制动性能试车道宽度要求（表7-5）。

表7-5　用制动距离检验制动性能试车道宽度要求

机械类型	试车道宽度/m
轮式拖拉机	3.0
轮式拖拉机运输机组	3.0
手扶拖拉机运输机组	2.3
轮式联合收割机	机宽/m+0.5

注：机宽大于2.55m的拖拉机，其试车道宽度为"机宽/m+0.5"。

（7）数值修约。四舍六入五留（在四舍五入中，舍去的概率有4/9，而进一的概率有5/9，两者不等，为避免四舍五入造成的结果偏高，误差偏大，采用四舍六入五留）。

①需舍弃的第一位数字小于5时直接舍去，大于5时直接进一。例如：25.45取25，25.65取26。

②需舍弃的第一位数字等于5，且后面并非全部为0时，直接进一。例如：25.51取26，26.51取27。

③需舍弃的第一位数字等于5，如果后面没有数字或都为0，若所保留的末位数字为奇数则进一，为偶数（包含0）则舍弃。例如：25.50取26，26.50取26。

（8）必须同时满足制动距离和制动稳定性的要求（表7-6）。

表7-6 拖拉机台式检验制动力和制动力平衡要求

拖拉机类型	制动力总和与整机重量的百分比	轴制动力与轴荷[a]的百分比		制动力平衡要求
	空载	前轴	后轴（或其他轴）	
前轴有制动功能的轮式拖拉机及运输机组	≥60	≥60	≥60	在制动力增长全过程中同时测得的左右轮制动力差的最大值，与全过程中测得的该轴左右轮最大制动力中大者之比，对于前轴应不大于20%；对于后轴（或其他轴）应不大于24%
前轴无制动功能的轮式拖拉机及运输机组	≥60[b]	—	≥60	
手扶拖拉机运输机组及手扶变型运输机	≥35	—	≥60	

注：a表示用平板制动检验台检验时应按动态轴荷计算。

b表示前轴无制动功能的轮式拖拉机及运输机组的制动力总和与整机重量的百分比不计算前轴制动力和前轴重量。

3. 驻车制动检验性能要求

（1）轮式拖拉机、拖拉机运输机组在坡度为 20％ 的干硬坡道上，挂空挡，使用驻车制动装置，应能沿上、下坡方向可靠停驻，时间应不小于 5min。轮式拖拉机运输机组，如挂车与牵引车脱离，挂车（由轮式拖拉机牵引的装载质量 3 000kg 以下的挂车除外）应能产生驻车制动。挂车的驻车制动装置应能由在地面上的人实施操纵。

（2）履带拖拉机可在坡度为 30％ 的干硬坡道上停驻，挂空挡，使用驻车制动装置，应能沿上、下坡方向可靠停驻，时间应不小于 5min。

（3）轮式联合收割机在坡度为 20％、履带式联合收割机在坡度为 25％ 的纵向干硬坡道上，挂空挡，使用驻车制动装置，向上或向下可靠停驻，时间大于 5min。

四、结果处理

（一）行车制动性能检验结果判定

拖拉机、联合收割机的制动性能检验只要符合路试检验、台试检验中的任一种要求，即评定为合格。对台试检验结果有异议的，按路试检验复检。检验合格的将打印出的检测数据单或者人工检测单粘贴在《拖拉机和联合收割机安全技术检验合格证明》背面指定位置。不合格的，经调整修理后，重新检验。

1. 路试检验结果判定

路试制动性能检验如符合充分发出的平均减速度检验或制动距离检验的规定，即为合格。不合格的，经调整修理后，重新检验。

2. 台试检验结果判定

台试制动性能检验如符合规定，即为合格。不合格的，经调整修理后，重新检验。

（二）驻车制动检验结果判定

检验结果符合驻车制动性能检验规定的要求为合格，不达要求为不合格，经调整修理后，重新检验。

在规定的测试状态下，使用驻车制动装置能停在坡度值更大且附着系数符合要求的试验坡道上时，应视为达到了驻车制动性能检验规定的要求。

第八章　前照灯检验

拖拉机和联合收割机设有多种照明设备，其功用是照明道路和作业环境，方便夜间行驶和作业。

一、检验项目

前照灯检验主要检验前照灯的性能，此项检验只适用于拖拉机运输机组。检查项目包括：

1. 前照灯状态检查

2. 轮式拖拉机运输机组前照灯光束照射位置检查

3. 前照灯灯光强度检查

二、检验方法

（一）前照灯状态检查

两名检验员配合，一人负责控制前照灯开关，一人通过眼看观察前照灯状态是否符合一般要求。

（二）前照灯光束照射位置检测

1. 检验前准备

（1）检测仪受光面应清洁。

（2）检测仪移动轨迹内无杂物，使仪器移动轻便。

（3）前照灯应清洁。

2. 位置检测

将被检验的拖拉机按规定距离与前照灯校正仪对正，从前照灯校正仪的屏幕上分别测量左右远近光束的水平和垂直照射方位的偏移值。

（三）前照灯灯光强度检测

1. 检验前准备

（1）检测仪受光面应清洁。

（2）前照灯应清洁。

2. 便携式灯光检测仪检测

（1）检验员手持检测仪站在待检灯前方 1m 水平线上。

（2）拖拉机电源处于充电状态，开启前照灯远光灯。

（3）开启前照灯检测仪，对准被检前照灯，测量其远光发光强度。

（4）检验四灯制前照灯时，应遮蔽非检测的前照灯。

3. 台式灯光检测仪检测

（1）待检拖拉机沿引导线居中行驶至规定的检测距离处停止，纵向轴线应与引导线平行，如不平行，应重新停放，或采用摆正装置进行拨正。

（2）置变速器于空挡，拖拉机电源处于充电状态，开启前照灯远光灯。

（3）开启前照灯检测仪，手动或仪器自动搜寻被检前照灯，对准被检前照灯，并测量其远光发光强度。

（4）检验四灯制前照灯时，应遮蔽非检测的前照灯。

三、检验要求

（一）一般要求

1. 前照灯的近光不应眩目。

2. 前照灯应有远、近光变换装置，当远光变为近光时，所有远光应能同时熄灭。

3. 前照灯左、右及远、近光灯不应交叉开亮。

（二）前照灯光束照射位置要求

轮式拖拉机运输机组装用的前照灯照射在距离 10 m 的屏幕上

时，要求在屏幕上光束中点的离地高度不允许大于 $0.7H$；（H 为前照灯基准中心高度）；水平位置要求向右偏移不允许大于 350mm，不允许向左偏移。

（三）前照灯光强要求

1. 标定功率大于 18 kW 两灯制的拖拉机运输机组注册登记检验时，前照灯光强度应大于 8 000 cd（坎德拉，满月月光是 1 000 坎德拉，5 000 坎德拉就是满月亮度的 5 倍，眼看感觉就是亮或较亮，低于 5 000 坎德拉就是不亮或暗），标定功率不大于 18 kW 的，前照灯光强度应大于 6 000 cd。

2. 在用机检验时，标定功率大于 18 kW 两灯制的光强度大于 6 000 cd，标定功率不大于 18 kW 的光强度大于 5 000 cd。

3. 一灯制的手扶拖拉机运输机组前照灯光强度应大于 5 000 cd，四灯制的两只对称的灯应符合两灯制的要求（《机动车安全运行技术条件》（GB 7258）规定，"允许手扶拖拉机运输机组只装用一只前照灯。"）。

四、结果处理

灯光检测仪检测结果符合前款数据要求的判定为合格，将灯光检测数据打印后粘贴在《拖拉机和联合收割机安全技术检验合格证明》背面指定位置。检验数据判定为不合格的，经调整修理后重新检验。

第九章　拖拉机和联合收割机
检验结果处置

一、检验结果的评判

拖拉机和联合收割机检验结果按照《农业机械运行安全技术条件》（GB 16151.1—2008、GB 16151.5—2008、GB 16151.12—2008）的规定进行判定。授权签字人（检验人员）应逐项确认检验结果并签注检验结论，检验结论分为合格和不合格，所有检验项目均合格的才能判定为合格，否则判定为不合格。

二、检验合格或不合格处置

安全技术检验机构应出具《拖拉机和联合收割机安全技术检验合格证明》，其中正面为检验项目评判区，背面为拖拉机和联合收割机照片、发动机号码/底盘号/机架号/挂车架号码拓印膜和制动及前照灯检验报告粘贴区。检验不合格的，注明所有不合格项目并告知送检人整改要求。

第二部分

拖拉机和联合收割机
安全技术检验装备

  本部分主要介绍《拖拉机和联合收割机安全技术检验规范》（NY/T 1830—2019）规定的检验项目中，按照测量方法自动检测数据的装置设备，包括：外廓尺寸检测仪、激光制动性能检测仪、第五轮仪、前照灯检测仪。

第十章　外廓尺寸检测仪

外廓尺寸检测仪主要用于检测拖拉机和联合收割机的长度、宽度、高度。该仪器利用高精度、高频率激光扫描测距，通过计算机软件系统结合高速网络技术实现高速、高效的拖拉机和联合收割机外廓尺寸测量。

仪器采用进口激光扫描传感器，受环境光线、温度的影响较小，适用于各种低温、暗光、室外等检测环境。全自动、非接触、动态通过式测量，检测过程不停车，能够实时快速地检测拖拉机和联合收割机的三维立体数据，测量分辨率高，准确率高，检测速度快，性能稳定可靠，抗干扰能力强。

下面以山东科大微机应用研究所有限公司生产的 KDWK-A 型号外廓尺寸检测仪为例，简要介绍其基本结构、主要性能技术指标、使用操作方法、故障处理及维护保养等相关内容。

一、基本结构

外廓尺寸检测仪由激光扫描仪（前后左右）、固定架、网络摄像头、LED 点阵屏、计算机、软件系统等部件组成（图 10 - 1）。

二、主要性能技术指标

1. 测量范围

分辨率为 1mm；长度≤25.0m、宽度≤4.5m、高度≤5.0m。

2. 测量误差

误差±0.8％或±2cm，取大者。

图 10 - 1 外廓尺寸检测仪

三、使用操作方法

第一步 安装

在固定架上分别安装 3 个传感器，以前、后两个固定架之间位置作为基准，面向固定架，传感器位置分别为：前中、后左、后右。

第二步 输入参数

打开计算机外廓检测主程序，进入检测界面，输入拖拉机或联合收割机号牌及其他信息。

第三步 检测

驾驶人将拖拉机或联合收割机以 3～5km/h 速度沿着行驶中心线开入检测区，拖拉机和联合收割机完全驶入检测区后即能测出长、宽、高数据。

第四步 查询打印检测结果

在计算机外廓检测主程序界面，查询检测结果，进行打印。

四、故障处理

1. 传感器无信号

检查传感器电源和传感器信号线是否正常。

2. 测量无数据

检查传感器连接是否正常，重新采集传感器零点。

五、维护保养

定期查看传感器激光扫描面，保持表面清洁。

第十一章　激光制动性能检测仪

激光制动性能检测仪主要用于拖拉机和联合收割机的制动性能检测，可以检测制动初速度、制动时间、协调时间、充分发出的平均减速度（MFDD）等制动性能数据。

设备采用高精度激光传感器和一级人眼安全保护激光，对行进中的拖拉机和联合收割机进行扫描检测。仪器界面友好，可迅速设定各项参数，检测过程由语音提示操作，操作简单灵活。采用报警器和主机分离方式，扩大了检测的自由度，携带方便。

下面以山东科大微机应用研究所有限公司生产的 WZD-C 号激光制动性能检测仪为例（图 11 - 1），简要介绍其基本结构、主要性能技术指标、使用操作方法、故障处理及维护保养等相关内容。

图 11 - 1　激光制动性能检测仪

一、基本结构

激光制动性能检测仪由检测主机、微动云台、制动信号发射器、瞄准镜、反射板、报警器、制动踏板开关和耳机、充电器等部件组成。微动云台可通过齿轮调节机构，精确调整主机的俯仰角和水平角度，保证主机发出的测量激光对准反射面的中心位置。反射板安装在拖拉机和联合收割机正面或背面的适当位置，为激光提供良好反射面。采集器和检测主机之间通过无线传输技术传递数据，检测过程中采用语音提示驾驶人操作，提高检测的快捷性和方便性。

二、主要性能技术指标

（1）速度。分辨率为 0.01km/h，测试范围为 0～60.00km/h。

（2）距离。分辨率为 0.01m，测试范围为 0～99.99m。

（3）时间。分辨率为 0.01s，测试范围为 0～99.99s。

（4）充分发出的平均减速度（MFDD）。分辨率为 $0.01m/s^2$，测试范围为 0～$19.62m/s^2$。

（5）传感器。检测距离为 1 200m，扫描频率为 4kHz。

（6）仪器内部可充电电池。电压为 7.2V，容量为 2 600mAh，充电时间为 8～10h。

三、使用操作方法

第一步　组装激光装置

将检测主机固定于微动云台上，将瞄准镜安装在检测主机上方，置于被测拖拉机和联合收割机的正前方或者正后方。将反射板安装在拖拉机和联合收割机正面或背面的适当位置（图 11 - 2、图 11 - 3）。打开检测主机电源，通过瞄准镜可使制动信号发射器快速对准拖拉机和联合收割机。

图 11-2　激光制动性能检测仪正面检测

图 11-3　激光制动性能检测仪背面检测

第二步　组装报警装置

将制动踏板开关固定于被测拖拉机和联合收割机的制动踏板上（图11-4），另一端连接报警器。报警器可以固定在拖拉机和联合收割机上，也可以用捆绑带扎在检测员腰间，并接上耳机，打开报警器电源（图11-5）。如驾驶人随身携带报警器，戴上耳机。

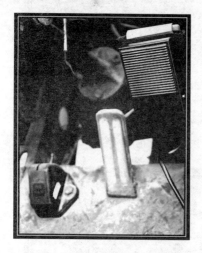 

图11-4　制动踏板开关的安装　　　　图11-5　报警器的安装

第三步　输入参数

（1）仪器输入。在检测主机上，通过面板的确认键和四个方向键，输入拖拉机和联合收割机号牌、类型、制动类型和检测类别等，输入完毕后，仪器会返回主界面（图11-6）。按向下键进入检测界面，自检完成后，通过面板的确认键和四个方向键，输入制动初速度（图11-7至图11-12）。进入检测界面后，仪器上会实时显示被测拖拉机或联合收割机和仪器之间的距离。

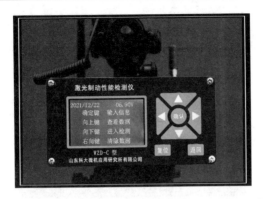

图 11-6　主界面

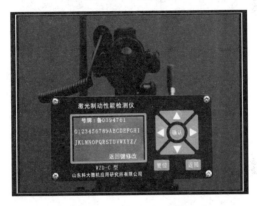

图 11-7　输入拖拉机或联合收割机号牌

图 11-8　输入拖拉机或联合收割机类型

图 11 - 9　输入拖拉机或联合收割机制动类型

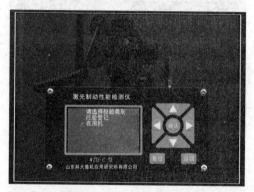

图 11 - 10　输入检测类型

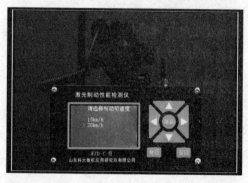

图 11 - 11　选择制动初速度

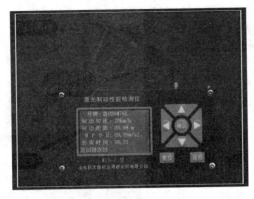

图 11 - 12　实时显示被测拖拉机或联合收割机与仪器之间的距离

（2）手机 App 输入。打开手机蓝牙，启用检测手机 App，连接蓝牙选中检测主机，输入拖拉机或联合收割机号牌及其他信息，点击"发送"按钮，主机进入检测界面。

第四步　检测

驾驶人驾驶拖拉机或联合收割机加速前进，当达到设定制动初速度时，驾驶人通过耳机收到语音报警提示，将刹车踩死，拖拉机和联合收割机停止后检测完成（图 11 - 13）。检测时制动初速度不好掌握，可以采用高速挡怠速前进，达到设定制动初速度时再刹车，以减小制动初速度的误差。

第五步　打印检测结果

采集器判断拖拉机和联合收割机停止后，自动将数据传至检测主机，检测主机进入数据处理程序（图 11 - 14）。通过上下键选择打印，按"确认"键可立刻打印结果（图 11 - 15）；通过上下键选择存储，按"确认"键可将检测结果存储到检测主机集中处理，检测主机可存储 100 组数据。如需重复检测，可按向下键返回第 3、第 4 步进行操作。

图 11 - 13　检测图

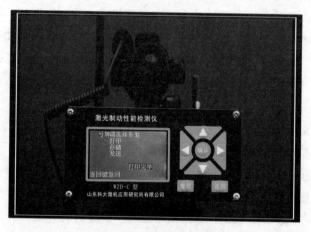

图 11 - 14　确认打印选项

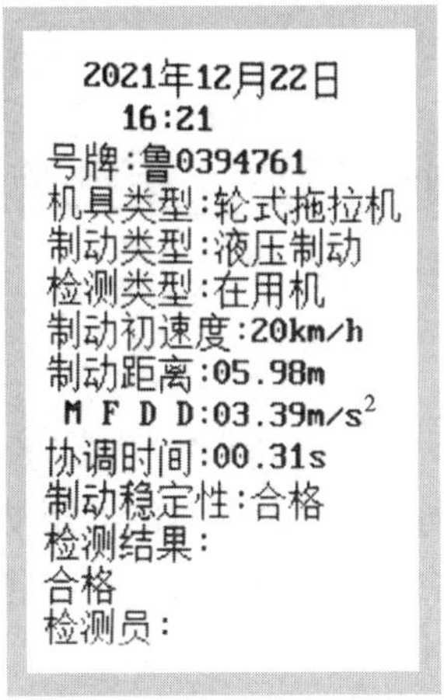

2021年12月22日
16:21
号牌:鲁0394761
机具类型:轮式拖拉机
制动类型:液压制动
检测类型:在用机
制动初速度:20km/h
制动距离:05.98m
M F D D:03.39m/s²
协调时间:00.31s
制动稳定性:合格
检测结果:
合格
检测员:

图 11 - 15　打印检测结果

四、故障处理

（1）检测主机开机不显示、微动云台无信号或提示报警器充电时，要对报警器和检测主机进行充电。

（2）测量数据为零时，检查报警器踏板开关是否接触不良。

五、维护保养

激光制动性能检测仪长期不使用时，应定期对设备进行充电（每两个月充电 4h），保持微动云台支架牢固可靠。

第十二章 第五轮仪

第五轮仪主要用于拖拉机和联合收割机的制动性能检测，可以检测制动初速度、制动距离、制动时间等制动性能数据。该仪器可迅速设定各项参数，检测过程由语音提示操作，简单灵活。该仪器可适应不同机型，检测方便。

第五轮仪的工作开始时间由套在制动踏板上的制动踏板开关控制，当驾驶人踩动制动踏板开关至闭合时，通过信号线输入检测主机作为测量制动距离、制动系统反应时间和制动全过程时间等的开始信号。随着采集器的轮子转动，磁电式传感器发出与采集器的轮子滚动距离相对应的信号传送给检测主机。检测主机将传感器送来的电信号经整形电路整形成矩形脉冲后通过检测主机的微机进行计数，并与自身产生的时间信号相比较，计算出拖拉机或联合收割机的速度，根据设定的制动初速度测量制动距离和制动时间，将结果显示出来。

下面以山东科大微机应用研究所有限公司生产的 WZD-B 型号第五轮仪为例，简要介绍其基本结构、主要性能技术指标、使用操作方法、故障处理及维护保养等相关内容。

一、基本结构

第五轮仪由检测主机、采集器、采集器连接杆、挂钩、报警器、制动踏板开关和耳机、充电器等部件组成（图 12 - 1）。采集器采用集成 12 位 AD 的 SOC 微控制器，采集器和检测主机之间通过无线传输技术传递数据，扩大了检测的自由度。一台主机可以连接多个采集器，提高了检测的快捷性和方便性。

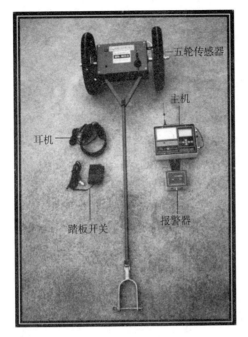

图 12-1　第五轮仪

二、主要性能技术指标

（1）速度。分辨率为 0.01km/h，测试范围为 0～60.00km/h。

（2）距离。分辨率为 0.01m，测试范围为 0～99.99m。

（3）时间。分辨率为 0.01s，测试范围为 0～99.99s。

（4）电池。电压为 7.2V，容量为 2 600mAh，充电时间为 8～10h。

三、使用操作方法

第一步　组装采集装置

将挂钩固定在被测拖拉机或联合收割机的后置悬挂架上，使用采集器连接杆把采集器和挂钩连接起来，打开采集器电源（图 12-2 至图 12-6）。

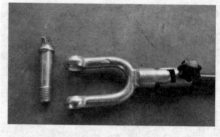

图 12-2　挂钩

图 12-3　挂钩连接固定于拖拉机或联合收割机上

图 12-4　使用采集器连接杆将采集器和挂钩连接起来

图 12 - 5　轮式拖拉机连接效果图

图 12 - 6　联合收割机连接效果图

第二步　组装报警装置

将制动踏板开关固定于被测拖拉机或联合收割机的制动踏板上，另一端连接报警器（图 12-7、图 12-8）。报警器可以固定在拖拉机或联合收割机上，也可以用捆绑带扎在检验员腰间，并接上耳机，打开报警器电源。如驾驶人随身携带报警器，戴上耳机。

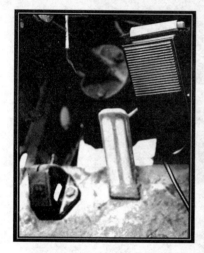

图 12-7　制动踏板开关的安装　　　图 12-8　报警器的安装

第三步　输入参数

（1）仪器输入。打开检测主机电源，在检测主机上，通过面板的确认键和四个方向键输入拖拉机或联合收割机的号牌、类型、制动类型等，输入完成后，仪器会返回主界面。按向下键进入检测界面，仪器自检完成后，通过面板的确认键和四个方向键，输入制动初速度、选择采集器、行驶方向，进入检测（图 12-9 至图 12-16）。

图 12-9　主界面

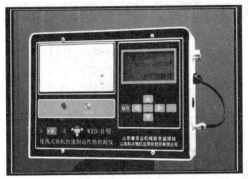

图 12-10　输入拖拉机或联合收割机号牌

图 12-11　输入拖拉机或联合收割机制动类型

图 12-12　输入拖拉机或联合收割机类型

图 12-13　输入拖拉机或联合收割机车况

图 12-14　输入制动初速度

图 12 - 15　选择采集器

图 12 - 16　选择行驶方向

（2）手机 App 输入。打开手机蓝牙，启用检测手机 App，连接蓝牙选中检测主机，输入拖拉机和联合收割机号牌及其他信息，点击"发送"按钮，主机进入检测界面。

第四步　检测

驾驶人驾驶拖拉机或联合收割机加速前进，当达到设定制动初速度时，驾驶人通过耳机收到语音报警提示，将刹车踩死，拖拉机和联合收割机停止后检测完成（图 12 - 17）。检测时制动初速度不好掌握，可以采用高速挡怠速前进，达到设定制动初速度时再刹车，以减小制动初速度的误差。

图 12-17　检测图

第五步　打印检测结果

采集器判断拖拉机或联合收割机停止后，自动将数据传至检测主机，检测主机进入数据处理程序。通过上下键选择打印，按"确认"键，可立刻打印结果（图 12-18、图 12-19）；通过上下键选择存储，按"确认"键，可将检测结果存储到检测主机集中处理，检测主机可存储 100 组数据。如需重复检测，可按向下键返回第3、第4步进行操作。

图 12-18　确认打印选项

2021/12/22
号牌:鲁0394761
机具类型:
　轮式拖拉机
制动类型:液压
车况:空载
制动初速度:
　　　21km/h
制动距离:04.41m
合格值:06.95m
制动时间:00.91s
制动稳定性:合格
检测结果:合格
检测人:
驾驶人:

图 12-19　打印检测结果

四、故障处理

（1）检测主机开机不显示、无速度信号或报警器无反应时，要对报警器和检测主机进行充电。

（2）测量数据为零时，检查报警器踏板开关是否接触不良。

特别提醒，当使用多个采集器检测时，请将不在检测状态的采集器电源关闭。

五、维护保养

第五轮仪长期不使用时，应定期对设备进行充电（每两个月充电 4h），保持五轮仪传感器牢固可靠。

第十三章　前照灯检测仪

前照灯检测仪主要用于拖拉机运输机组的前照灯的性能检验。该仪器采用微控制器和光照采集模块，可根据录入参数自动检测前照灯发光强度。仪器具备参数录入、数据存储、结果打印、蓝牙传输等功能。该仪器可以独立使用，输入参数、光强检测、打印结果；也可以通过蓝牙，使用手机 App 进行参数录入，将测试结果通过蓝牙上传至手机，由手机控制独立的蓝牙打印机进行打印。

被检拖拉机运输机组前照灯发出的光束经聚光镜会聚后，由反光镜反射到屏幕上，在屏幕上可以看到光束的分布图形，该图形近似于在 $10m^2$ 的屏幕上观察的光分布特性。屏幕上对称分布着一个光电元件，对应光强的测量情况。根据光线的强弱不同得到不同的输出电压，从而检测出前照灯远光发光强度。

下面以山东科大微机应用研究所有限公司生产的 QD-C 型号前照灯检测仪为例，简要介绍其基本结构、主要性能技术指标、使用操作方法、故障处理及维护保养等相关内容。

一、基本结构

前照灯检测仪由主机、充电器组成（图 13-1）。

二、主要性能技术指标

（1）发光强度。分辨率为 0.1kcd，测量范围为 0～99.9kcd。

（2）误差。发光强度示值误差为≤±10％，重复性误差为＜1％。

（3）电池。电压为 7.2V；容量为 2 600mAh；电源适配器为

8.4V 1A。

图 13-1　前照灯检测仪

三、使用操作方法

第一步　开机

打开主机电源按钮，进入主界面（图 13-2）。

图 13-2　主界面

第二步　输入参数

（1）仪器输入。按菜单键，可在主菜单进行选项切换。当输入参数选项变为红色时表示选中，按"确认"键进入输入参数界面。按四个方向键移动输入位置进行参数选择。输入拖拉机运输机组号牌及其他信息，输入完成后，将光标移至保存位置，按"确认"键进行保存。按"返回"键返回主界面。按菜单键，选择测试选项（即测试变为红色），按"确认"键进入测试界面（图13-3至图13-7）。

图13-3　输入拖拉机运输机组号牌　　图13-4　选择拖拉机运输机组类型

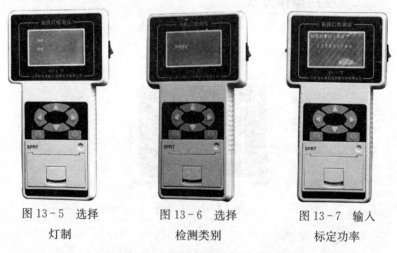

图13-5　选择　　　　　　图13-6　选择　　　　　图13-7　输入
灯制　　　　　　　　检测类别　　　　　　标定功率

（2）手机App输入。打开手机蓝牙，启用检测手机App，连接蓝牙选中检测主机，输入拖拉机运输机组号牌及其他信息，点击"发送"按钮，主机进入检测界面。

第三步　检测

检测界面会根据灯制展示不同测试内容。检测时，主机距前照灯 50cm（图 13 - 8、图 13 - 9）。

50cm

图 13 - 8　主机距前照灯 50cm

①一灯制：此时单灯显示红色，并显示出当前光强值。按"确认"键采样当前检测值，采值成功会伴有滴答提示音。按四个方向键移动至结束位置，按"确认"键，会提示"检验完成请打印"，此时按左右键移至打印位置，按"确认"键进行打印。检测完成后，按返回键返回主界面。

②二灯制：二灯制界面展示左灯、右灯。左灯位置为红色，并显示出当前光强值。按"确认"键采样当前检测

图 13 - 9　主机检测界面

值，采值成功会伴有滴答提示音。按左右键移至右灯位置（变为红色），按"确认"键采样当前检测值，采值成功会伴有滴答提示音。按左右键移动至结束位置，按"确认"键，会提示"检验完成请打印"，此时按左右键移至打印位置，按"确认键"进行打印。检测完成后，按返回键返回主界面。

③四灯制：四灯制检测流程与二灯制流程类似，选择不同位置前照灯分别采数后进行检测。

第四步　打印检测结果

在主界面下，按菜单键进行选项切换，移至查询位置（变为红色），按"确认"键进入查询界面。当前界面展示历史数据，按上下键选择历史数据可进行查询和打印。在数据显示界面按"确认键"进行打印（图13-10）。

```
2021/12/22/16:37
号　牌:鲁0394761
机具类型:轮式拖拉机
　　　　运输机组
检验类别:在用机
机具灯制:2
标定功率(kW):018.0
发光强度(cd):
　左灯: 00250
　右灯: 00250

检测判定:不合格
检验员:
```

图13-10　打印检测结果

四、故障处理

主机开机无反应时，要对主机进行充电。

五、维护保养

前照灯检测仪长期不使用时，应定期对设备进行充电（每两个月充电4h）。

第十四章　计量检定

《中华人民共和国计量法》第九条规定，"县级以上人民政府计量行政部门对社会公用计量标准器具，部门和企业、事业单位使用的最高计量标准器具，以及用于贸易结算、安全防护、医疗卫生、环境监测方面的列入强制检定目录的工作计量器具，实行强制检定。未按照规定申请检定或者检定不合格的，不得使用。实行强制检定的工作计量器具的目录和管理办法，由国务院制定。"

2020 年 10 月 26 日，市场监管总局《关于调整实施强制管理的计量器具目录的公告》明确，测距仪、经纬仪、称重传感器、压力仪表、压力传感器、测速仪和照度计等均属于实施强制管理的计量器具。

拖拉机和联合收割机安全技术检验装备应定期经有资质的计量检定机构进行计量校准、检定，并由计量检定机构出具检定证书。属于使用过程中进行校准的，应当出具校准报告。

附　　录

附录1　中华人民共和国道路
交通安全法（节选）

（2003年10月28日第十届全国人民代表大会常务委员会第五次会议通过）

根据2007年12月29日第十届全国人民代表大会常务委员会第三十一次会议《关于修改〈中华人民共和国道路交通安全法〉的决定》第一次修正；根据2011年4月22日第十一届全国人民代表大会常务委员会第二十次会议《关于修改〈中华人民共和国道路交通安全法〉的决定》第二次修正；根据2021年4月29日第十三届全国人民代表大会常务委员会第二十八次会议《关于修改〈中华人民共和国道路交通安全法〉等八部法律的决定》第三次修正。

第二章　车辆和驾驶人

第八条　国家对机动车实行登记制度。机动车经公安机关交通管理部门登记后，方可上道路行驶。尚未登记的机动车，需要临时上道路行驶的，应当取得临时通行牌证。

第九条　申请机动车登记，应当提交以下证明、凭证：

（一）机动车所有人的身份证明；

（二）机动车来历证明；

（三）机动车整车出厂合格证明或者进口机动车进口凭证；

（四）车辆购置税的完税证明或者免税凭证；

（五）法律、行政法规规定应当在机动车登记时提交的其他证明、凭证。

公安机关交通管理部门应当自受理申请之日起五个工作日内完成机动车登记审查工作，对符合前款规定条件的，应当发放机动车登记证书、号牌和行驶证；对不符合前款规定条件的，应当向申请人说明不予登记的理由。

公安机关交通管理部门以外的任何单位或者个人不得发放机动车号牌或者要求机动车悬挂其他号牌，本法另有规定的除外。

机动车登记证书、号牌、行驶证的式样由国务院公安部门规定并监制。

第十三条　对登记后上道路行驶的机动车，应当依照法律、行政法规的规定，根据车辆用途、载客载货数量、使用年限等不同情况，定期进行安全技术检验。对提供机动车行驶证和机动车第三者责任强制保险单的，机动车安全技术检验机构应当予以检验，任何单位不得附加其他条件。对符合机动车国家安全技术标准的，公安机关交通管理部门应当发给检验合格标志。

对机动车的安全技术检验实行社会化。具体办法由国务院规定。

机动车安全技术检验实行社会化的地方，任何单位不得要求机动车到指定的场所进行检验。

公安机关交通管理部门、机动车安全技术检验机构不得要求机动车到指定的场所进行维修、保养。

机动车安全技术检验机构对机动车检验收取费用，应当严格执行国务院价格主管部门核定的收费标准。

第十四条　国家实行机动车强制报废制度，根据机动车的安全技术状况和不同用途，规定不同的报废标准。

应当报废的机动车必须及时办理注销登记。

达到报废标准的机动车不得上道路行驶。报废的大型客、货车及其他营运车辆应当在公安机关交通管理部门的监督下解体。

第十九条　驾驶机动车,应当依法取得机动车驾驶证。

申请机动车驾驶证,应当符合国务院公安部门规定的驾驶许可条件;经考试合格后,由公安机关交通管理部门发给相应类别的机动车驾驶证。

持有境外机动车驾驶证的人,符合国务院公安部门规定的驾驶许可条件,经公安机关交通管理部门考核合格的,可以发给中国的机动车驾驶证。

驾驶人应当按照驾驶证载明的准驾车型驾驶机动车;驾驶机动车时,应当随身携带机动车驾驶证。

公安机关交通管理部门以外的任何单位或者个人,不得收缴、扣留机动车驾驶证。

第二十三条　公安机关交通管理部门依照法律、行政法规的规定,定期对机动车驾驶证实施审验。

第八章　附　则

第一百二十一条　对上道路行驶的拖拉机,由农业(农业机械)主管部门行使本法第八条、第九条、第十三条、第十九条、第二十三条规定的公安机关交通管理部门的管理职权。

农业(农业机械)主管部门依照前款规定行使职权,应当遵守本法有关规定,并接受公安机关交通管理部门的监督;对违反规定的,依照本法有关规定追究法律责任。

本法施行前由农业(农业机械)主管部门发放的机动车牌证,在本法施行后继续有效。

附录2　农业机械安全监督管理条例

中华人民共和国国务院令第563号

（2009年9月7日，经国务院第80次常务会议
通过，自2009年11月1日起施行）

根据2016年2月6日国务院令第666号《国务院关于修改部分行政法规的决定》修订，根据2019年3月2日国务院令第709号《国务院关于修改部分行政法规的决定》修订。

第一章　总　　则

第一条　为了加强农业机械安全监督管理，预防和减少农业机械事故，保障人民生命和财产安全，制定本条例。

第二条　在中华人民共和国境内从事农业机械的生产、销售、维修、使用操作以及安全监督管理等活动，应当遵守本条例。

本条例所称农业机械，是指用于农业生产及其产品初加工等相关农事活动的机械、设备。

第三条　农业机械安全监督管理应当遵循以人为本、预防事故、保障安全、促进发展的原则。

第四条　县级以上人民政府应当加强对农业机械安全监督管理工作的领导，完善农业机械安全监督管理体系，增加对农民购买农业机械的补贴，保障农业机械安全的财政投入，建立健全农业机械安全生产责任制。

第五条　国务院有关部门和地方各级人民政府、有关部门应当加强农业机械安全法律、法规、标准和知识的宣传教育。

农业生产经营组织、农业机械所有人应当对农业机械操作人员及相关人员进行农业机械安全使用教育，提高其安全意识。

第六条　国家鼓励和支持开发、生产、推广、应用先进适用、安全可靠、节能环保的农业机械，建立健全农业机械安全技术标准和安全操作规程。

第七条　国家鼓励农业机械操作人员、维修技术人员参加职业技能培训和依法成立安全互助组织，提高农业机械安全操作水平。

第八条　国家建立落后农业机械淘汰制度和危及人身财产安全的农业机械报废制度，并对淘汰和报废的农业机械依法实行回收。

第九条　国务院农业机械化主管部门、工业主管部门、市场监督管理部门等有关部门依照本条例和国务院规定的职责，负责农业机械安全监督管理工作。

县级以上地方人民政府农业机械化主管部门、工业主管部门和市场监督管理部门等有关部门按照各自职责，负责本行政区域的农业机械安全监督管理工作。

第二章　生产、销售和维修

第十条　国务院工业主管部门负责制定并组织实施农业机械工业产业政策和有关规划。

国务院标准化主管部门负责制定发布农业机械安全技术国家标准，并根据实际情况及时修订。农业机械安全技术标准是强制执行的标准。

第十一条　农业机械生产者应当依据农业机械工业产业政策和有关规划，按照农业机械安全技术标准组织生产，并建立健全质量保障控制体系。

对依法实行工业产品生产许可证管理的农业机械，其生产者应当取得相应资质，并按照许可的范围和条件组织生产。

第十二条　农业机械生产者应当按照农业机械安全技术标准对生产的农业机械进行检验；农业机械经检验合格并附具详尽的安全

操作说明书和标注安全警示标志后，方可出厂销售；依法必须进行认证的农业机械，在出厂前应当标注认证标志。

上道路行驶的拖拉机，依法必须经过认证的，在出厂前应当标注认证标志，并符合机动车国家安全技术标准。

农业机械生产者应当建立产品出厂记录制度，如实记录农业机械的名称、规格、数量、生产日期、生产批号、检验合格证号、购货者名称及联系方式、销售日期等内容。出厂记录保存期限不得少于3年。

第十三条　进口的农业机械应当符合我国农业机械安全技术标准，并依法由出入境检验检疫机构检验合格。依法必须进行认证的农业机械，还应当由出入境检验检疫机构进行入境验证。

第十四条　农业机械销售者对购进的农业机械应当查验产品合格证明。对依法实行工业产品生产许可证管理、依法必须进行认证的农业机械，还应当验明相应的证明文件或者标志。

农业机械销售者应当建立销售记录制度，如实记录农业机械的名称、规格、生产批号、供货者名称及联系方式、销售流向等内容。销售记录保存期限不得少于3年。

农业机械销售者应当向购买者说明农业机械操作方法和安全注意事项，并依法开具销售发票。

第十五条　农业机械生产者、销售者应当建立健全农业机械销售服务体系，依法承担产品质量责任。

第十六条　农业机械生产者、销售者发现其生产、销售的农业机械存在设计、制造等缺陷，可能对人身财产安全造成损害的，应当立即停止生产、销售，及时报告当地市场监督管理部门，通知农业机械使用者停止使用。农业机械生产者应当及时召回存在设计、制造等缺陷的农业机械。

农业机械生产者、销售者不履行本条第一款义务的，质量监督部门、工商行政管理部门可以责令生产者召回农业机械，责令销售者停止销售农业机械。

第十七条　禁止生产、销售下列农业机械：

（一）不符合农业机械安全技术标准的；

（二）依法实行工业产品生产许可证管理而未取得许可证的；

（三）依法必须进行认证而未经认证的；

（四）利用残次零配件或者报废农业机械的发动机、方向机、变速器、车架等部件拼装的；

（五）国家明令淘汰的。

第十八条　从事农业机械维修经营，应当有必要的维修场地，有必要的维修设施、设备和检测仪器，有相应的维修技术人员，有安全防护和环境保护措施。

申请农业机械维修技术合格证书，应当向当地县级人民政府农业机械化主管部门提交下列材料：

（一）农业机械维修业务申请表；

（二）主要维修技术人员的国家职业资格证书。

农业机械化主管部门应当自收到申请之日起 20 个工作日内，对符合条件的，核发维修技术合格证书；对不符合条件的，书面通知申请人并说明理由。

维修技术合格证书有效期为 3 年；有效期满需要继续从事农业机械维修的，应当在有效期满前申请续展。

第十九条　农业机械维修经营者应当遵守国家有关维修质量安全技术规范和维修质量保证期的规定，确保维修质量。

从事农业机械维修不得有下列行为：

（一）使用不符合农业机械安全技术标准的零配件；

（二）拼装、改装农业机械整机；

（三）承揽维修已经达到报废条件的农业机械；

（四）法律、法规和国务院农业机械化主管部门规定的其他禁止性行为。

第三章　使用操作

第二十条　农业机械操作人员可以参加农业机械操作人员的技能培训，可以向有关农业机械化主管部门、人力资源和社会保障部门申请职业技能鉴定，获取相应等级的国家职业资格证书。

第二十一条　拖拉机、联合收割机投入使用前，其所有人应当按照国务院农业机械化主管部门的规定，持本人身份证明和机具来源证明，向所在地县级人民政府农业机械化主管部门申请登记。拖拉机、联合收割机经安全检验合格的，农业机械化主管部门应当在2个工作日内予以登记并核发相应的证书和牌照。

拖拉机、联合收割机使用期间登记事项发生变更的，其所有人应当按照国务院农业机械化主管部门的规定申请变更登记。

第二十二条　拖拉机、联合收割机操作人员经过培训后，应当按照国务院农业机械化主管部门的规定，参加县级人民政府农业机械化主管部门组织的考试。考试合格的，农业机械化主管部门应当在2个工作日内核发相应的操作证件。

拖拉机、联合收割机操作证件有效期为6年；有效期满，拖拉机、联合收割机操作人员可以向原发证机关申请续展。未满18周岁不得操作拖拉机、联合收割机。操作人员年满70周岁的，县级人民政府农业机械化主管部门应当注销其操作证件。

第二十三条　拖拉机、联合收割机应当悬挂牌照。拖拉机上道路行驶，联合收割机因转场作业、维修、安全检验等需要转移的，其操作人员应当携带操作证件。

拖拉机、联合收割机操作人员不得有下列行为：

（一）操作与本人操作证件规定不相符的拖拉机、联合收割机；

（二）操作未按照规定登记、检验或者检验不合格、安全设施不全、机件失效的拖拉机、联合收割机；

（三）使用国家管制的精神药品、麻醉品后操作拖拉机、联合收割机；

（四）患有妨碍安全操作的疾病操作拖拉机、联合收割机；

（五）国务院农业机械化主管部门规定的其他禁止行为。

禁止使用拖拉机、联合收割机违反规定载人。

第二十四条　农业机械操作人员作业前，应当对农业机械进行安全查验；作业时，应当遵守国务院农业机械化主管部门和省、自治区、直辖市人民政府农业机械化主管部门制定的安全操作规程。

第四章　事故处理

第二十五条　县级以上地方人民政府农业机械化主管部门负责农业机械事故责任的认定和调解处理。

本条例所称农业机械事故，是指农业机械在作业或者转移等过程中造成人身伤亡、财产损失的事件。

农业机械在道路上发生的交通事故，由公安机关交通管理部门依照道路交通安全法律、法规处理；拖拉机在道路以外通行时发生的事故，公安机关交通管理部门接到报案的，参照道路交通安全法律、法规处理。农业机械事故造成公路及其附属设施损坏的，由交通主管部门依照公路法律、法规处理。

第二十六条　在道路以外发生的农业机械事故，操作人员和现场其他人员应当立即停止作业或者停止农业机械的转移，保护现场，造成人员伤害的，应当向事故发生地农业机械化主管部门报告；造成人员死亡的，还应当向事故发生地公安机关报告。造成人身伤害的，应当立即采取措施，抢救受伤人员。因抢救受伤人员变动现场的，应当标明位置。

接到报告的农业机械化主管部门和公安机关应当立即派人赶赴现场进行勘验、检查，收集证据，组织抢救受伤人员，尽快恢复正常的生产秩序。

第二十七条　对经过现场勘验、检查的农业机械事故，农业机械化主管部门应当在 10 个工作日内制作完成农业机械事故认定书；需要进行农业机械鉴定的，应当自收到农业机械鉴定机构出具的鉴定结论之日起 5 个工作日内制作农业机械事故认定书。

农业机械事故认定书应当载明农业机械事故的基本事实、成因和当事人的责任，并在制作完成农业机械事故认定书之日起 3 个工作日内送达当事人。

第二十八条　当事人对农业机械事故损害赔偿有争议，请求调解的，应当自收到事故认定书之日起 10 个工作日内向农业机械化主管部门书面提出调解申请。

调解达成协议的，农业机械化主管部门应当制作调解书送交各方当事人。调解书经各方当事人共同签字后生效。调解不能达成协议或者当事人向人民法院提起诉讼的，农业机械化主管部门应当终止调解并书面通知当事人。调解达成协议后当事人反悔的，可以向人民法院提起诉讼。

第二十九条　农业机械化主管部门应当为当事人处理农业机械事故损害赔偿等后续事宜提供帮助和便利。因农业机械产品质量原因导致事故的，农业机械化主管部门应当依法出具有关证明材料。

农业机械化主管部门应当定期将农业机械事故统计情况及说明材料报送上级农业机械化主管部门并抄送同级安全生产监督管理部门。

农业机械事故构成生产安全事故的，应当依照相关法律、行政法规的规定调查处理并追究责任。

第五章　服务与监督

第三十条　县级以上地方人民政府农业机械化主管部门应当定期对危及人身财产安全的农业机械进行免费实地安全检验。但是道路交通安全法律对拖拉机的安全检验另有规定的，从其规定。

拖拉机、联合收割机的安全检验为每年 1 次。

实施安全技术检验的机构应当对检验结果承担法律责任。

第三十一条　农业机械化主管部门在安全检验中发现农业机械存在事故隐患的，应当告知其所有人停止使用并及时排除隐患。

实施安全检验的农业机械化主管部门应当对安全检验情况进行汇总，建立农业机械安全监督管理档案。

第三十二条　联合收割机跨行政区域作业前，当地县级人民政府农业机械化主管部门应当会同有关部门，对跨行政区域作业的联合收割机进行必要的安全检查，并对操作人员进行安全教育。

第三十三条　国务院农业机械化主管部门应当定期对农业机械安全使用状况进行分析评估，发布相关信息。

第三十四条　国务院工业主管部门应当定期对农业机械生产行业运行态势进行监测和分析，并按照先进适用、安全可靠、节能环保的要求，会同国务院农业机械化主管部门、市场监督管理部门等有关部门制定、公布国家明令淘汰的农业机械产品目录。

第三十五条　危及人身财产安全的农业机械达到报废条件的，应当停止使用，予以报废。农业机械的报废条件由国务院农业机械化主管部门会同国务院市场监督管理部门、工业主管部门规定。

县级人民政府农业机械化主管部门对达到报废条件的危及人身财产安全的农业机械，应当书面告知其所有人。

第三十六条　国家对达到报废条件或者正在使用的国家已经明令淘汰的农业机械实行回收。农业机械回收办法由国务院农业机械化主管部门会同国务院财政部门、商务主管部门制定。

第三十七条　回收的农业机械由县级人民政府农业机械化主管部门监督回收单位进行解体或者销毁。

第三十八条　使用操作过程中发现农业机械存在产品质量、维修质量问题的，当事人可以向县级以上地方人民政府农业机械化主管部门或者市场监督管理部门投诉。接到投诉的部门对属于职责范围内的事项，应当依法及时处理；对不属于职责范围内的事项，应当及时移交有权处理的部门，有权处理的部门应当立即处理，不得推诿。

县级以上地方人民政府农业机械化主管部门和县级以上地方质

量监督部门、工商行政管理部门应当定期汇总农业机械产品质量、维修质量投诉情况并逐级上报。

第三十九条　国务院农业机械化主管部门和省、自治区、直辖市人民政府农业机械化主管部门应当根据投诉情况和农业安全生产需要，组织开展在用的特定种类农业机械的安全鉴定和重点检查，并公布结果。

第四十条　农业机械安全监督管理执法人员在农田、场院等场所进行农业机械安全监督检查时，可以采取下列措施：

（一）向有关单位和个人了解情况，查阅、复制有关资料；

（二）查验拖拉机、联合收割机证书、牌照及有关操作证件；

（三）检查危及人身财产安全的农业机械的安全状况，对存在重大事故隐患的农业机械，责令当事人立即停止作业或者停止农业机械的转移，并进行维修；

（四）责令农业机械操作人员改正违规操作行为。

第四十一条　发生农业机械事故后企图逃逸的、拒不停止存在重大事故隐患农业机械的作业或者转移的，县级以上地方人民政府农业机械化主管部门可以扣押有关农业机械及证书、牌照、操作证件。案件处理完毕或者农业机械事故肇事方提供担保的，县级以上地方人民政府农业机械化主管部门应当及时退还被扣押的农业机械及证书、牌照、操作证件。存在重大事故隐患的农业机械，其所有人或者使用人排除隐患前不得继续使用。

第四十二条　农业机械安全监督管理执法人员进行安全监督检查时，应当佩戴统一标志，出示行政执法证件。农业机械安全监督检查、事故勘察车辆应当在车身喷涂统一标识。

第四十三条　农业机械化主管部门不得为农业机械指定维修经营者。

第四十四条　农业机械化主管部门应当定期向同级公安机关交通管理部门通报拖拉机登记、检验以及有关证书、牌照、操作证件发放情况。公安机关交通管理部门应当定期向同级农业机械化主管部门通报农业机械在道路上发生的交通事故及处理情况。

第六章 法律责任

第四十五条 县级以上地方人民政府农业机械化主管部门、工业主管部门、市场监督管理部门及其工作人员有下列行为之一的，对直接负责的主管人员和其他直接责任人员，依法给予处分，构成犯罪的，依法追究刑事责任：

（一）不依法对拖拉机、联合收割机实施安全检验、登记，或者不依法核发拖拉机、联合收割机证书、牌照的；

（二）对未经考试合格者核发拖拉机、联合收割机操作证件，或者对经考试合格者拒不核发拖拉机、联合收割机操作证件的；

（四）不依法处理农业机械事故，或者不依法出具农业机械事故认定书和其他证明材料的；

（五）在农业机械生产、销售等过程中不依法履行监督管理职责的；

（六）其他未依照本条例的规定履行职责的行为。

第四十六条 生产、销售利用残次零配件或者报废农业机械的发动机、方向机、变速器、车架等部件拼装的农业机械的，由县级以上人民政府市场监督管理部门按照职责权限责令停止生产、销售，没收违法所得和违法生产、销售的农业机械，并处违法产品货值金额 1 倍以上 3 倍以下罚款；情节严重的，吊销营业执照。

农业机械生产者、销售者违反工业产品生产许可证管理、认证认可管理、安全技术标准管理以及产品质量管理的，依照有关法律、行政法规处罚。

第四十七条 农业机械销售者未依照本条例的规定建立、保存销售记录的，由县级以上工商行政管理部门责令改正，给予警告；拒不改正的，处 1 000 元以上 1 万元以下罚款，并责令停业整顿；情节严重的，吊销营业执照。

第四十八条　未取得维修技术合格证书或者使用伪造、变造、过期的维修技术合格证书从事维修经营的，由县级以上地方人民政府农业机械化主管部门收缴伪造、变造、过期的维修技术合格证书，限期补办有关手续，没收违法所得，并处违法经营额1倍以上2倍以下罚款；逾期不补办的，处违法经营额2倍以上5倍以下罚款，从事农业机械维修经营不符合本条例第十八条规定的，由县级以上地方人民政府农业机械化主管部门责令整改；拒不改正的，处5 000元以上1万元以下罚款。

第四十九条　农业机械维修经营者使用不符合农业机械安全技术标准的配件维修农业机械，或者拼装、改装农业机械整机，或者承揽维修已经达到报废条件的农业机械的，由县级以上地方人民政府农业机械化主管部门责令改正，没收违法所得，并处违法经营额1倍以上2倍以下罚款；拒不改正的，处违法经营额2倍以上5倍以下罚款。

第五十条　未按照规定办理登记手续并取得相应的证书和牌照，擅自将拖拉机、联合收割机投入使用，或者未按照规定办理变更登记手续的，由县级以上地方人民政府农业机械化主管部门责令限期补办相关手续；逾期不补办的，责令停止使用；拒不停止使用的，扣押拖拉机、联合收割机，并处200元以上2 000元以下罚款。

当事人补办相关手续的，应当及时退还扣押的拖拉机、联合收割机。

第五十一条　伪造、变造或者使用伪造、变造的拖拉机、联合收割机证书和牌照的，或者使用其他拖拉机、联合收割机的证书和牌照的，由县级以上地方人民政府农业机械化主管部门收缴伪造、变造或者使用的证书和牌照，对违法行为人予以批评教育，并处200元以上2 000元以下罚款。

第五十二条　未取得拖拉机、联合收割机操作证件而操作拖拉机、联合收割机的,由县级以上地方人民政府农业机械化主管部门责令改正,处 100 元以上 500 元以下罚款。

第五十三条 拖拉机、联合收割机操作人员操作与本人操作证件规定不相符的拖拉机、联合收割机,或者操作未按照规定登记、检验或者检验不合格、安全设施不全、机件失效的拖拉机、联合收割机,或者使用国家管制的精神药品、麻醉品后操作拖拉机、联合收割机,或者患有妨碍安全操作的疾病操作拖拉机、联合收割机的,由县级以上地方人民政府农业机械化主管部门对违法行为人予以批评教育,责令改正;拒不改正的,处 100 元以上 500 元以下罚款;情节严重的,吊销有关人员的操作证件。

第五十四条 使用拖拉机、联合收割机违反规定载人的,由县级以上地方人民政府农业机械化主管部门对违法行为人予以批评教育,责令改正;拒不改正的,扣押拖拉机、联合收割机的证书、牌照;情节严重的,吊销有关人员的操作证件。非法从事经营性道路旅客运输的,由交通主管部门依照道路运输管理法律、行政法规处罚。

当事人改正违法行为的,应当及时退还扣押的拖拉机、联合收割机的证书、牌照。

第五十五条 经检验、检查发现农业机械存在事故隐患,经农业机械化主管部门告知拒不排除并继续使用的,由县级以上地方人民政府农业机械化主管部门对违法行为人予以批评教育,责令改正;拒不改正的,责令停止使用;拒不停止使用的,扣押存在事故隐患的农业机械。

事故隐患排除后,应当及时退还扣押的农业机械。

第五十六条 违反本条例规定,造成他人人身伤亡或者财产损失的,依法承担民事责任;构成违反治安管理行为的,依法给予治安管理处罚;构成犯罪的,依法追究刑事责任。

第七章　附　　则

第五十七条　本条例所称危及人身财产安全的农业机械，是指对人身财产安全可能造成损害的农业机械，包括拖拉机、联合收割机、机动植保机械、机动脱粒机、饲料粉碎机、插秧机、铡草机等。

第五十八条　本条例规定的农业机械证书、牌照、操作证件，由国务院农业机械化主管部门会同国务院有关部门统一规定式样，由国务院农业机械化主管部门监制。

第五十九条　拖拉机操作证件考试收费、安全技术检验收费和牌证的工本费，应当严格执行国务院价格主管部门核定的收费标准。

第六十条　本条例自 2009 年 11 月 1 日起施行。

附录 3 中华人民共和国道路交通安全法实施条例（节选）

中华人民共和国国务院令第 405 号

（2004 年 4 月 28 日，国务院第 49 次常务会议通过，自 2004 年 5 月 1 日起施行）

第二章 车辆和驾驶人

第一节 机动车

第四条 机动车的登记，分为注册登记、变更登记、转移登记、抵押登记和注销登记。

第五条 初次申领机动车号牌、行驶证的，应当向机动车所有人住所地的公安机关交通管理部门申请注册登记。申请机动车注册登记，应当交验机动车，并提交以下证明、凭证：

（一）机动车所有人的身份证明；

（二）购车发票等机动车来历证明；

（三）机动车整车出厂合格证明或者进口机动车进口凭证；

（四）车辆购置税完税证明或者免税凭证；

（五）机动车第三者责任强制保险凭证；

（六）法律、行政法规规定应当在机动车注册登记时提交的其他证明、凭证。

不属于国务院机动车产品主管部门规定免予安全技术检验的车型的，还应当提供机动车安全技术检验合格证明。

第六条 已注册登记的机动车有下列情形之一的，机动车所有人应当向登记该机动车的公安机关交通管理部门申请变更登记：

（一）改变机动车车身颜色的；

（二）更换发动机的；

（三）更换车身或者车架的；

（四）因质量有问题，制造厂更换整车的；

（五）营运机动车改为非营运机动车或者非营运机动车改为营运机动车的；

（六）机动车所有人的住所迁出或者迁入公安机关交通管理部门管辖区域的。

申请机动车变更登记，应当提交下列证明、凭证，属于前款第（一）项、第（二）项、第（三）项、第（四）项、第（五）项情形之一的，还应当交验机动车；属于前款第（二）项、第（三）项情形之一的，还应当同时提交机动车安全技术检验合格证明：

（一）机动车所有人的身份证明；

（二）机动车登记证书；

（三）机动车行驶证。

机动车所有人的住所在公安机关交通管理部门管辖区域内迁移、机动车所有人的姓名（单位名称）或者联系方式变更的，应当向登记该机动车的公安机关交通管理部门备案。

第七条　已注册登记的机动车所有权发生转移的，应当及时办理转移登记。

申请机动车转移登记，当事人应当向登记该机动车的公安机关交通管理部门交验机动车，并提交以下证明、凭证：

（一）当事人的身份证明；

（二）机动车所有权转移的证明、凭证；

（三）机动车登记证书；

（四）机动车行驶证。

第十三条　机动车号牌应当悬挂在车前、车后指定位置，保持清晰、完整。重型、中型载货汽车及其挂车、拖拉机及其挂车的车身或者车厢后部应当喷涂放大的牌号，字样应当端正并保持清晰。

机动车检验合格标志、保险标志应当粘贴在机动车前窗右上角。

机动车喷涂、粘贴标识或者车身广告的，不得影响安全驾驶。

第十六条　机动车应当从注册登记之日起，按照下列期限进行安全技术检验：

（一）营运载客汽车 5 年以内每年检验 1 次；超过 5 年的，每 6 个月检验 1 次；

（二）载货汽车和大型、中型非营运载客汽车 10 年以内每年检验 1 次；超过 10 年的，每 6 个月检验 1 次；

（三）小型、微型非营运载客汽车 6 年以内每 2 年检验 1 次；超过 6 年的，每年检验 1 次；超过 15 年的，每 6 个月检验 1 次；

（四）摩托车 4 年以内每 2 年检验 1 次；超过 4 年的，每年检验 1 次；

（五）拖拉机和其他机动车每年检验 1 次。

营运机动车在规定检验期限内经安全技术检验合格的，不再重复进行安全技术检验。

第十七条　已注册登记的机动车进行安全技术检验时，机动车行驶证记载的登记内容与该机动车的有关情况不符，或者未按照规定提供机动车第三者责任强制保险凭证的，不予通过检验。

第二节　机动车通行规定

第五十六条　机动车牵引挂车应当符合下列规定：

（一）载货汽车、半挂牵引车、拖拉机只允许牵引 1 辆挂车。挂车的灯光信号、制动、连接、安全防护等装置应当符合国家标准；

（二）小型载客汽车只允许牵引旅居挂车或者总质量 700kg 以下的挂车。挂车不得载人；

（三）载货汽车所牵引挂车的载质量不得超过载货汽车本身的载质量。

大型、中型载客汽车，低速载货汽车，三轮汽车以及其他机动车不得牵引挂车。

第八章　附　则

第一百一十一条　本条例所称上道路行驶的拖拉机，是指手扶拖拉机等最高设计行驶速度不超过每小时 20km 的轮式拖拉机和最高设计行驶速度不超过每小时 40km、牵引挂车方可从事道路运输的轮式拖拉机。

第一百一十二条　农业（农业机械）主管部门应当定期向公安机关交通管理部门提供拖拉机登记、安全技术检验以及拖拉机驾驶证发放的资料、数据。公安机关交通管理部门对拖拉机驾驶人做出暂扣、吊销驾驶证处罚或者记分处理的，应当定期将处罚决定书和记分情况通报有关的农业（农业机械）主管部门。吊销驾驶证的，还应当将驾驶证送交有关的农业（农业机械）主管部门。

附录 4 拖拉机和联合收割机登记规定

（农业部令 2018 年第 2 号）

第一章 总 则

第一条 为了规范拖拉机和联合收割机登记，根据《中华人民共和国农业机械化促进法》《中华人民共和国道路交通安全法》和《农业机械安全监督管理条例》《中华人民共和国道路交通安全法实施条例》等有关法律、行政法规，制定本规定。

第二条 本规定所称登记，是指依法对拖拉机和联合收割机进行的登记。包括注册登记、变更登记、转移登记、抵押登记和注销登记。

拖拉机包括轮式拖拉机、手扶拖拉机、履带拖拉机、轮式拖拉机运输机组、手扶拖拉机运输机组。

联合收割机包括轮式联合收割机、履带式联合收割机。

第三条 县级人民政府农业机械化主管部门负责本行政区域内拖拉机和联合收割机的登记管理，其所属的农机安全监理机构（以下简称农机监理机构）承担具体工作。

县级以上人民政府农业机械化主管部门及其所属的农机监理机构负责拖拉机和联合收割机登记业务工作的指导、检查和监督。

第四条 农机监理机构办理拖拉机、联合收割机登记业务，应当遵循公开、公正、便民、高效原则。

农机监理机构在办理业务时，对材料齐全并符合规定的，应当按期办结。对材料不全或者不符合规定的，应当一次告知申请人需要补正的全部内容。对不予受理的，应当书面告知不予受理的理由。

第五条　农机监理机构应当在业务办理场所公示业务办理条件、依据、程序、期限、收费标准、需要提交的材料和申请表示范文本等内容，并在相关网站发布信息，便于群众查阅、下载和使用。

第六条　农机监理机构应当使用计算机管理系统办理登记业务，完整、准确记录和存储登记内容、办理过程以及经办人员等信息，打印行驶证和登记证书。计算机管理系统的数据库标准由农业部制定。

第二章　注册登记

第七条　初次申领拖拉机、联合收割机号牌、行驶证的，应当在申请注册登记前，对拖拉机、联合收割机进行安全技术检验，取得安全技术检验合格证明。

依法通过农机推广鉴定的机型，其新机在出厂时经检验获得出厂合格证明的，出厂 1 年内免予安全技术检验，拖拉机运输机组除外。

第八条　拖拉机、联合收割机所有人应当向居住地的农机监理机构申请注册登记，填写申请表，交验拖拉机、联合收割机，提交以下材料：

（一）所有人身份证明；

（二）拖拉机、联合收割机来历证明；

（三）出厂合格证明或进口凭证；

（四）拖拉机运输机组交通事故责任强制保险凭证；

（五）安全技术检验合格证明（免检产品除外）。

农机监理机构应当自受理之日起 2 个工作日内，确认拖拉机、联合收割机的类型、品牌、型号名称、机身颜色、发动机号码、底盘号/机架号、挂车架号码，核对发动机号码和拖拉机、联合收割机底盘号/机架号、挂车架号码的拓印膜，审查提交的证明、凭证；对符合条件的，核发登记证书、号牌、行驶证和检验合格标志。登记证书由所有人自愿申领。

第九条　办理注册登记，应当登记下列内容：

（一）拖拉机、联合收割机号牌号码、登记证书编号；

（二）所有人的姓名或者单位名称、身份证明名称与号码、住址、联系电话和邮政编码；

（三）拖拉机和联合收割机的类型、生产企业名称、品牌、型号名称、发动机号码、底盘号/机架号、挂车架号码、生产日期、机身颜色；

（四）拖拉机、联合收割机的有关技术数据；

（五）拖拉机、联合收割机的获得方式；

（六）拖拉机、联合收割机来历证明的名称、编号；

（七）拖拉机运输机组交通事故责任强制保险的日期和保险公司的名称；

（八）注册登记的日期；

（九）法律、行政法规规定登记的其他事项。

拖拉机、联合收割机登记后，对其来历证明、出厂合格证明应当签注已登记标志，收存来历证明、出厂合格证明原件和身份证明复印件。

第十条　有下列情形之一的，不予办理注册登记：

（一）所有人提交的证明、凭证无效；

（二）来历证明被涂改，或者来历证明记载的所有人与身份证明不符；

（三）所有人提交的证明、凭证与拖拉机、联合收割机不符；

（四）拖拉机、联合收割机不符合国家安全技术强制标准；

（五）拖拉机、联合收割机达到国家规定的强制报废标准；

（六）属于被盗抢、扣押、查封的拖拉机和联合收割机；

（七）其他不符合法律、行政法规规定的情形。

第三章　变更登记

第十一条　有下列情形之一的，所有人应当向登记地农机监理机构申请变更登记：

（一）改变机身颜色、更换机身（底盘）或者挂车的；

（二）更换发动机的；

（三）因质量有问题，更换整机的；

（四）所有人居住地在本行政区域内迁移、所有人姓名（单位名称）变更的。

第十二条　申请变更登记的，应当填写申请表，提交下列材料：

（一）所有人身份证明；

（二）行驶证；

（三）更换整机、发动机、机身（底盘）或挂车需要提供法定证明、凭证；

（四）安全技术检验合格证明。

农机监理机构应当自受理之日起2个工作日内查验相关证明，准予变更的，收回原行驶证，重新核发行驶证。

第十三条　拖拉机、联合收割机所有人居住地迁出农机监理机构管辖区域的，应当向登记地农机监理机构申请变更登记，提交行驶证和身份证明。

农机监理机构应当自受理之日起2个工作日内核发临时行驶号牌，收回原号牌、行驶证，将档案密封交所有人。

所有人应当携带档案，于3个月内到迁入地农机监理机构申请转入，提交身份证明、登记证书和档案，交验拖拉机、联合收割机。

迁入地农机监理机构应当自受理之日起2个工作日内，查验拖拉机、联合收割机，收存档案，核发号牌、行驶证。

第十四条　办理变更登记，应当分别登记下列内容：

（一）变更后的机身颜色；

（二）变更后的发动机号码；

（三）变更后的底盘号/机架号、挂车架号码；

（四）发动机、机身（底盘）或者挂车来历证明的名称、编号；

（五）发动机、机身（底盘）或者挂车出厂合格证明或者进口凭证编号、生产日期、注册登记日期；

（六）变更后的所有人姓名或者单位名称；

（七）需要办理档案转出的，登记转入地农机监理机构的名称；

（八）变更登记的日期。

第四章　转移登记

第十五条　拖拉机、联合收割机所有权发生转移的，应当向登记地的农机监理机构申请转移登记，填写申请表，交验拖拉机、联合收割机，提交以下材料：

（一）所有人身份证明；

（二）所有权转移的证明、凭证；

（三）行驶证、登记证书。

农机监理机构应当自受理之日起 2 个工作日内办理转移手续。转移后的拖拉机、联合收割机所有人居住地在原登记地农机监理机构管辖区内的，收回原行驶证，核发新行驶证；转移后的拖拉机、联合收割机所有人居住地不在原登记地农机监理机构管辖区内的，按照本规定第十三条办理。

第十六条　办理转移登记，应当登记下列内容：

（一）转移后的拖拉机、联合收割机所有人的姓名或者单位名称、身份证明名称与号码、住址、联系电话和邮政编码；

（二）拖拉机、联合收割机获得方式；

（三）拖拉机、联合收割机来历证明的名称、编号；

（四）转移登记的日期；

（五）改变拖拉机、联合收割机号牌号码的，登记拖拉机、联合收割机号牌号码；

（六）转移后的拖拉机、联合收割机所有人居住地不在原登记地农机监理机构管辖区内的，登记转入地农机监理机构的名称。

第十七条　有下列情形之一的，不予办理转移登记：

（一）有本规定第十条规定情形；

（二）拖拉机、联合收割机与该机的档案记载的内容不一致；

（三）在抵押期间；

（四）拖拉机、联合收割机或者拖拉机、联合收割机档案被人民法院、人民检察院、行政执法部门依法查封、扣押；

（五）拖拉机、联合收割机涉及未处理完毕的道路交通违法行为、农机安全违法行为或者道路交通事故、农机事故。

第十八条　被司法机关和行政执法部门依法没收并拍卖，或者被仲裁机构依法仲裁裁决，或者被人民法院调解、裁定、判决拖拉机和联合收割机所有权转移时，原所有人未向转移后的所有人提供行驶证的，转移后的所有人在办理转移登记时，应当提交司法机关出具的《协助执行通知书》或者行政执法部门出具的未取得行驶证的证明。农机监理机构应当公告原行驶证作废，并在办理所有权转移登记的同时，发放拖拉机、联合收割机行驶证。

第五章　抵押登记

第十九条　申请抵押登记的，由拖拉机、联合收割机所有人（抵押人）和抵押权人共同申请，填写申请表，提交下列证明、凭证：

（一）抵押人和抵押权人身份证明；

（二）拖拉机、联合收割机登记证书；

（三）抵押人和抵押权人依法订立的主合同和抵押合同。

农机监理机构应当自受理之日起1日内，在拖拉机、联合收割机登记证书上记载抵押登记内容。

第二十条　农机监理机构办理抵押登记，应当登记下列内容：

（一）抵押权人的姓名或者单位名称、身份证明名称与号码、住址、联系电话和邮政编码；

（二）抵押担保债权的数额；

（三）主合同和抵押合同号码；

（四）抵押登记的日期。

第二十一条　申请注销抵押的，应当由抵押人与抵押权人共同申请，填写申请表，提交以下证明、凭证：

（一）抵押人和抵押权人身份证明；

（二）拖拉机、联合收割机登记证书。

农机监理机构应当自受理之日起1日内，在农机监理信息系统注销抵押内容和注销抵押的日期。

第二十二条　抵押登记内容和注销抵押日期应当允许公众查询。

第六章　注销登记

第二十三条　有下列情形之一的，应当向登记地的农机监理机构申请注销登记，填写申请表，提交身份证明，并交回号牌、行驶证、登记证书：

（一）报废的；

（二）灭失的；

（三）所有人因其他原因申请注销的。

农机监理机构应当自受理之日起1日内办理注销登记，收回号牌、行驶证和登记证书。无法收回的，由农机监理机构公告作废。

第七章　其他规定

第二十四条　拖拉机、联合收割机号牌、行驶证、登记证书灭失、丢失或者损毁申请补领、换领的，所有人应当向登记地农机监理机构提出申请，提交身份证明和相关证明材料。

经审查，属于补发、换发号牌的，农机监理机构应当自受理之日起15日内办理；属于补发、换发行驶证、登记证书的，自受理之日起1日内办理。

办理补发、换发号牌期间，应当给所有人核发临时行驶号牌。

补发、换发号牌、行驶证、登记证书后，应当收回未灭失、丢失或者损坏的号牌、行驶证、登记证书。

第二十五条　未注册登记的拖拉机、联合收割机需要驶出本行政区域的，所有人应当申请临时行驶号牌，提交以下证明、凭证：

（一）所有人身份证明；

（二）拖拉机、联合收割机来历证明；

（三）出厂合格证明或进口凭证；

（四）拖拉机运输机组须提交交通事故责任强制保险凭证。

农机监理机构应当自受理之日起1日内，核发临时行驶号牌。临时行驶号牌有效期最长为3个月。

第二十六条　拖拉机、联合收割机所有人发现登记内容有错误的，应当及时到农机监理机构申请更正。农机监理机构应当自受理之日起2个工作日内予以确认并更正。

第二十七条　已注册登记的拖拉机、联合收割机被盗抢，所有人应当在向公安机关报案的同时，向登记地农机监理机构申请封存档案。农机监理机构应当受理申请，在计算机管理系统内记录被盗抢信息，封存档案，停止办理该拖拉机、联合收割机的各项登记。被盗抢拖拉机、联合收割机发还后，所有人应当向登记地农机监理机构申请解除封存，农机监理机构应当受理申请，恢复办理各项登记。

在被盗抢期间，发动机号码、底盘号/机架号、挂车架号码或者机身颜色被改变的，农机监理机构应当凭有关技术鉴定证明办理变更。

第二十八条　登记的拖拉机、联合收割机应当每年进行1次安全检验。

第二十九条　拖拉机、联合收割机所有人可以委托代理人代理申请各项登记和相关业务，但申请补发登记证书的除外。代理人办理相关业务时，应当提交代理人身份证明、经申请人签字的委托书。

第三十条　申请人以隐瞒、欺骗等不正当手段办理登记的，应当撤销登记，并收回相关证件和号牌。

农机安全监理人员违反规定为拖拉机、联合收割机办理登记的，按照国家有关规定给予处分；构成犯罪的，依法追究刑事责任。

第八章　附　则

第三十一条　行驶证的式样、规格按照农业行业标准《中华人民共和国拖拉机和联合收割机行驶证》执行。拖拉机和联合收割机号牌、临时行驶号牌、登记证书、检验合格标志和相关登记表格的式样、规格，由农业部制定。

第三十二条　本规定下列用语的含义：

（一）拖拉机、联合收割机所有人是指拥有拖拉机、联合收割机所有权的个人或者单位。

（二）身份证明是指：

1. 机关、事业单位、企业和社会团体的身份证明是指标注有"统一社会信用代码"的注册登记证（照）。上述单位已注销、撤销或者破产的，已注销的企业单位的身份证明是工商行政管理部门出具的注销证明；已撤销的机关、事业单位的身份证明是上级主管机关出具的有关证明；已破产的企业单位的身份证明是依法成立的财产清算机构出具的有关证明。

2. 居民的身份证明是指《居民身份证》或者《居民户口簿》。在户籍所在地以外居住的，其身份证明还包括公安机关核发的居住证明。

（三）住址是指：

1. 单位的住址为其主要办事机构所在地的地址。

2. 个人的住址为其身份证明记载的地址。在户籍所在地以外居住的是公安机关核发的居住证明记载的地址。

（四）获得方式是指购买、继承、赠予、中奖、协议抵偿债务、资产重组、资产整体买卖、调拨，人民法院调解、裁定、判决，仲裁机构仲裁裁决等。

（五）来历证明是指：

1. 在国内购买的拖拉机、联合收割机，其来历证明是销售发票；销售发票遗失的由销售商或所有人所在组织出具证明；在国外购买的拖拉机、联合收割机，其来历证明是该机销售单位开具的销售发票和其翻译文本。

2. 人民法院调解、裁定或者判决所有权转移的拖拉机、联合收割机，其来历证明是人民法院出具的已经生效的调解书、裁定书或者判决书以及相应的《协助执行通知书》。

3. 仲裁机构仲裁裁决所有权转移的拖拉机、联合收割机，其来历证明是仲裁裁决书和人民法院出具的《协助执行通知书》。

4. 继承、赠予、中奖和协议抵偿债务的拖拉机、联合收割机，其来历证明是继承、赠予、中奖和协议抵偿债务的相关文书。

5. 经公安机关破案发还的被盗抢且已向原所有人理赔完毕的拖拉机、联合收割机，其来历证明是保险公司出具的《权益转让证明书》。

6. 更换发动机、机身（底盘）、挂车的来历证明，是生产、销售单位开具的发票或者修理单位开具的发票。

7. 其他能够证明合法来历的书面证明。

第三十三条　本规定自 2018 年 6 月 1 日起施行。2004 年 9 月 21 日公布、2010 年 11 月 26 日修订的《拖拉机登记规定》和 2006 年 11 月 2 日公布、2010 年 11 月 26 日修订的《联合收割机及驾驶人安全监理规定》同时废止。

附录5 拖拉机和联合收割机
登记业务工作规范

（农业部农机发〔2018〕2号）

第一章 总　　则

第一条　为了规范拖拉机和联合收割机登记业务工作，根据《拖拉机和联合收割机登记规定》，制定本规范。

第二条　县级农业机械化主管部门农机监理机构应当按照本规范规定的程序办理拖拉机和联合收割机登记业务。

市辖区未设农机监理机构的，由设区的市农机监理机构负责管理或农业机械化主管部门协调管理。

农机监理机构办理登记业务时，应当设置查验岗、登记审核岗和档案管理岗。

第三条　农机监理机构应当建立计算机管理系统，推行通过网络、电话、传真、短信等方式预约、受理、办理登记业务，使用计算机打印有关证表。

第二章 登记办理
第一节 注册登记

第四条　办理注册登记业务的流程和具体事项为：

（一）查验岗审查拖拉机和联合收割机、挂车出厂合格证明（以下简称合格证）或进口凭证；查验拖拉机和联合收割机，核对发动机号码、底盘号/机架号、挂车架号码的拓印膜。不属于免检的，应当进行安全技术检验。符合规定的，在安全技术检验合格证明上签注。

（二）登记审核岗审查《拖拉机和联合收割机登记业务申请表》

（以下简称《申请表》，见附件 2-1）、所有人身份证明、来历证明、合格证或进口凭证、安全技术检验合格证明、整机照片，拖拉机运输机组还应当审查交通事故责任强制保险凭证。符合规定的，受理申请，收存资料，确定号牌号码和登记证书编号。录入号牌号码、登记证书编号、所有人的姓名或单位名称、身份证明名称与号码、住址、联系电话、邮政编码、类型、生产企业名称、品牌、型号名称、发动机号码、底盘号/机架号、挂车架号码、生产日期、机身颜色、获得方式、来历证明的名称和编号、注册登记日期、技术数据（发动机型号、功率、外廓尺寸、转向操纵方式、轮轴数、轴距、轮距、轮胎数、轮胎规格、履带数、履带规格、轨距、割台宽度、拖拉机最小使用质量、联合收割机质量、准乘人数、喂入量/行数）；拖拉机运输机组还应当录入拖拉机最大允许载质量，交通事故责任强制保险的生效、终止日期和保险公司的名称。在《申请表》"登记审核岗签章"栏内签章。核发号牌、行驶证和检验合格标志，根据所有人申请核发登记证书。

（三）档案管理岗核对计算机管理系统的信息，复核资料，将下列资料按顺序装订成册，存入档案：

1. 《申请表》；

2. 所有人身份证明复印件；

3. 来历证明原件或复印件（销售发票、《协助执行通知书》应为原件）；

4. 属于国产的，收存合格证；

5. 属于进口的，收存进口凭证原件或复印件；

6. 安全技术检验合格证明；

7. 拖拉机运输机组交通事故责任强制保险凭证；

8. 发动机号码、底盘号/机架号、挂车架号码的拓印膜；

9. 整机照片；

10. 法律、行政法规规定应当在登记时提交的其他证明、凭证的原件或复印件。

第五条　未注册登记的拖拉机和联合收割机所有权转移的，办理注册登记时，除审查所有权转移证明外，还应当审查原始来历证明。属于经人民法院调解、裁定、判决所有权转移的，不审查原始来历证明。

第二节　变更登记

第六条　办理机身颜色、发动机、机身（底盘）、挂车变更业务的流程和具体事项为：

（一）查验岗审查行驶证；查验拖拉机和联合收割机，核对发动机号码、底盘号/机架号、挂车架号码的拓印膜；进行安全技术检验，但只改变机身颜色的除外。符合规定的，在安全技术检验合格证明上签注。

（二）登记审核岗审查《申请表》、所有人身份证明、登记证书、行驶证、安全技术检验合格证明、整机照片；变更发动机、机身（底盘）、挂车的还需审查相应的来历证明和合格证。符合规定的，受理申请，收存资料，录入变更登记的日期；变更机身颜色的，录入变更后的机身颜色；变更发动机、机身（底盘）、挂车的，录入相应的号码和检验日期；增加挂车的，调整登记类型为运输机组。在《申请表》"登记审核岗签章"栏内签章。签注登记证书，将登记证书交所有人；收回原行驶证并销毁，核发新行驶证。

（三）档案管理岗核对计算机管理系统的信息，复核资料，将下列资料按顺序装订成册，存入档案：

1. 《申请表》；

2. 所有人身份证明复印件；

3. 安全技术检验合格证明；

4. 变更发动机、机身（底盘）、挂车的，收存相应的来历证明、合格证和号码拓印膜；

5. 整机照片。

第七条　办理因质量问题更换整机业务的流程和具体事项为：

（一）查验岗按照本规范第四条第（一）项办理。

（二）登记审核岗审查《申请表》、所有人身份证明、登记证书、行驶证、合格证或进口凭证、安全技术检验合格证明、整机照片。符合规定的，受理申请，收存资料，录入发动机号码、底盘号/机架号、挂车架号码、机身颜色、生产日期、品牌、型号名称、技术数据、检验日期和变更登记日期，按照变更登记的日期调整注册登记日期。在《申请表》"登记审核岗签章"栏内签章。签注登记证书，将登记证书交所有人；收回原行驶证并销毁，核发新行驶证；复印原合格证或进口凭证，将原合格证或进口凭证、原来历证明交所有人。

（三）档案管理岗核对计算机管理系统的信息，复核资料，将下列资料按顺序装订成册，存入档案：

1.《申请表》；

2.所有人身份证明复印件；

3.更换后的来历证明；

4.更换后的合格证（或进口凭证原件或复印件）；

5.更换后的发动机号码、底盘号/机架号、挂车架号码的拓印膜；

6.安全技术检验合格证明；

7.原合格证或进口凭证复印件；

8.整机照片。

第八条　办理所有人居住地迁出农机监理机构管辖区域业务的流程和具体事项为：

（一）查验岗审查行驶证；查验拖拉机和联合收割机，核对发动机号码、底盘号/机架号、挂车架号码的拓印膜。符合规定的，在安全技术检验合格证明上签注。

（二）登记审核岗审查《申请表》、所有人身份证明、登记证书、行驶证和安全技术检验合格证明。符合规定的，受理申请，收存资料，录入转入地农机监理机构名称、临时行驶号牌的号码和有效期、变更登记日期。在《申请表》"登记审核岗签章"栏内签章。签注登记证书，将登记证书交所有人。

（三）档案管理岗核对计算机管理系统的信息，比对发动机号码、底盘号/机架号、挂车架号码的拓印膜，复核资料，将下列资料按顺序装订成册，存入档案：

1. 《申请表》；

2. 所有人身份证明复印件；

3. 行驶证；

4. 安全技术检验合格证明。

在档案袋上注明联系电话、传真电话和联系人姓名，加盖农机监理机构业务专用章；密封档案，并在密封袋上注明"请妥善保管，并于即日起3个月内到转入地农机监理机构申请办理转入，不得拆封。"；对档案资料齐全但登记事项有误、档案资料填写、打印有误或不规范、技术参数不全等情况，应当更正后办理迁出。

（四）登记审核岗收回号牌并销毁，将档案和登记证书交所有人，核发有效期不超过3个月的临时行驶号牌。

第九条 办理转入业务的流程和具体事项为：

（一）查验岗查验拖拉机和联合收割机，核对发动机号码、底盘号/机架号、挂车架号码的拓印膜。符合规定的，在安全技术检验合格证明上签注。

（二）登记审核岗审查《申请表》、所有人身份证明、整机照片、档案资料和安全技术检验合格证明，比对发动机号码、底盘号/机架号、挂车架号码的拓印膜；拖拉机运输机组在转入时已超过检验有效期的，还应当审查交通事故责任强制保险凭证。符合规定的，受理申请，收存资料，确定号牌号码。录入号牌号码、所有人的姓名或单位名称、身份证明名称与号码、住址、邮政编码、联系电话、迁出地农机监理机构名称和转入日期。在《申请表》"登记审核岗签章"栏内签章。签注登记证书，将登记证书交所有人；核发号牌、行驶证和检验合格标志。

（三）档案管理岗核对计算机管理系统的信息，复核资料，将下列资料按顺序装订成册，存入档案：

1. 《申请表》；

2. 所有人身份证明复印件；

3. 安全技术检验合格证明；

4. 原档案内的资料。

第十条　有下列情形之一的，转入地农机监理机构应当办理转入，不得退档：

（一）迁出后登记证书丢失、灭失的；

（二）迁出后因交通事故等原因更换发动机、机身（底盘）、挂车，改变机身颜色的；

（三）签注的转入地农机监理机构名称不准确，但属同省（自治区、直辖市）管辖范围内的。

对属前款第（一）项的，办理转入时同时补发登记证书；对属前款第（二）项的，办理转入时一并办理变更登记。

第十一条　转入地农机监理机构认为需要核实档案资料的，应当与迁出地农机监理机构协调。迁出地农机监理机构应当自接到转入地农机监理机构协查申请1日内以传真方式出具书面材料，转入地农机监理机构凭书面材料办理转入。

转入地农机监理机构确认无法转入的，可办理退档业务。退档须经主要负责人批准，录入退档信息、退档原因、联系电话、传真电话、经办人，出具退办凭证交所有人。迁出地农机监理机构应当接收退档。

迁出地和转入地农机监理机构对迁出的拖拉机和联合收割机有不同意见的，应当报请上级农机监理机构协调。

第十二条 办理共同所有人姓名变更业务的流程和具体事项为：

（一）登记审核岗审查《申请表》、登记证书、行驶证、变更前和变更后所有人的身份证明、拖拉机和联合收割机为共同所有的公证证明或证明夫妻关系的《居民户口簿》或《结婚证》。符合规定的，受理申请，收存资料，录入变更后所有人的姓名或单位名称、身份证明名称与号码、住址、邮政编码、联系电话、变更登记日期；变更后迁出管辖区的，还需录入临时行驶号牌的号码和有效期限、转入地农机监理机构名称。在《申请表》"登记审核岗签章"栏内签章。签注登记证书，将登记证书交所有人；变更后在管辖区内的，收回行驶证并销毁，核发新行驶证；变更后迁出管辖区的，收回号牌、行驶证，销毁号牌，核发临时行驶号牌，办理迁出。

（二）档案管理岗核对计算机管理系统的信息，复核资料，将下列资料按顺序装订成册，存入档案：

1.《申请表》；

2. 所有人身份证明复印件；

3. 变更前所有人身份证明复印件；

4. 两人以上共同所有的公证证明复印件（属于夫妻双方共同所有的应收存证明夫妻关系的《居民户口簿》或《结婚证》的复印件）；

5. 变更后迁出的，收存行驶证。

第十三条 办理所有人居住地在管辖区域内迁移、所有人的姓名或单位名称、所有人身份证明名称或号码变更业务的流程和具体事项为：

（一）登记审核岗审查《申请表》、所有人身份证明、登记证书、行驶证和相关事项变更的证明。符合规定的，受理申请，收存资料，录入相应的变更内容和变更登记日期。在《申请表》"登记审核岗签章"栏内签章。签注登记证书，将登记证书交所有人；属于所有人的姓名或单位名称、居住地变更的，收回原行驶证并销毁，核发新行驶证。

（二）档案管理岗核对计算机管理系统的信息，复核资料，将下列资料按顺序装订成册，存入档案：

1.《申请表》；

2. 所有人身份证明复印件；

3. 相关事项变更证明的复印件。

第十四条　所有人联系方式变更的，登记审核岗核实所有人身份信息，录入变更后的联系方式。

第三节　转移登记

第十五条　办理转移登记业务的流程和具体事项为：

（一）查验岗审查行驶证；查验拖拉机和联合收割机，核对发动机号码、底盘号/机架号、挂车架号码的拓印膜。符合规定的，在安全技术检验合格证明上签注。

（二）登记审核岗审查《申请表》、现所有人身份证明、所有权转移的证明或凭证、登记证书、行驶证和安全技术检验合格证明；拖拉机运输机组超过检验有效期的，还应当审查交通事故责任强制保险凭证。符合规定的，受理申请，收存资料，录入转移后所有人的姓名或单位名称、身份证明名称与号码、住址、邮政编码、联系电话、获得方式、来历证明的名称和编号、转移登记日期；转移后不在管辖区域内的，录入转入地农机监理机构名称、临时行驶号牌的号码和有效期限。在《申请表》"登记审核岗签章"栏内签章。

现所有人居住地在农机监理机构管辖区域内的，签注登记证书，将登记证书交所有人；收回行驶证并销毁，核发新行驶证；现所有人居住地不在农机监理机构管辖区域内的，签注登记证书，将登记证书交所有人。按照本规范第八条第（三）项和第（四）项的规定办理迁出。

（三）档案管理岗核对计算机管理系统的信息，复核资料，将下列资料按顺序装订成册，存入档案：

1.《申请表》；

2. 现所有人身份证明复印件；

3. 所有权转移的证明、凭证原件或复印件（销售发票、《协助执行通知书》应为原件）；

4. 属于现所有人居住地不在农机监理机构管辖区域内的，收存行驶证；

5. 安全技术检验合格证明。

第十六条　现所有人居住地不在农机监理机构管辖区域内的，转入地农机监理机构按照本规范第九条至第十一条办理。

第四节　抵押登记

第十七条　办理抵押登记业务的流程和具体事项为：

（一）登记审核岗审查《申请表》、所有人和抵押权人身份证明、登记证书、依法订立的主合同和抵押合同。符合规定的，受理申请，收存资料，录入抵押权人姓名（单位名称）、身份证明名称与号码、住址、主合同号码、抵押合同号码、抵押登记日期。在《申请表》"登记审核岗签章"栏内签章。签注登记证书，将登记证书交所有人。

（二）档案管理岗核对计算机管理系统的信息，复核资料，将下列资料按顺序装订成册，存入档案：

1.《申请表》；

2. 所有人和抵押权人身份证明复印件；

3. 抵押合同原件或复印件。

在抵押期间，所有人再次抵押的，按照本条第一款办理。

第十八条　办理注销抵押登记业务的流程和具体事项为：

（一）登记审核岗审查《申请表》、所有人和抵押权人的身份证明、登记证书；属于被人民法院调解、裁定、判决注销抵押的，审查《申请表》、登记证书、人民法院出具的已经生效的《调解书》

《裁定书》或《判决书》以及相应的《协助执行通知书》。符合规定的，受理申请，收存资料，录入注销抵押登记日期。在《申请表》"登记审核岗签章"栏内签章。签注登记证书，将登记证书交所有人。

（二）档案管理岗核对计算机管理系统的信息，复核资料，将下列资料按顺序装订成册，存入档案：

1.《申请表》；

2. 所有人和抵押权人身份证明复印件；

3. 属于被人民法院调解、裁定、判决注销抵押的，收存人民法院出具的《调解书》《裁定书》或《判决书》的复印件以及相应的《协助执行通知书》。

第五节　注销登记

第十九条　办理注销登记业务的流程和具体事项为：

（一）登记审核岗审查《申请表》、登记证书、号牌、行驶证；属于撤销登记的，审查撤销决定书。符合规定的，受理申请，收存资料，录入注销原因、注销登记日期；属于撤销登记的，录入处罚机关、处罚时间、决定书编号；属于报废的，录入回收企业名称。在《申请表》"登记审核岗签章"栏内签章。收回登记证书、号牌、行驶证，对未收回的在计算机管理系统中注明情况；销毁号牌；属于因质量问题退机的，退还来历证明、合格证或进口凭证、拖拉机运输机组交通事故责任强制保险凭证；出具注销证明交所有人。

（二）档案管理岗核对计算机管理系统的信息，复核资料，将下列资料按顺序装订成册，存入档案：

1.《申请表》；

2. 登记证书；

3. 行驶证；

4. 属于登记被撤销的，收存撤销决定书。

第二十条　号牌、行驶证、登记证书未收回的，农机监理机构应当公告作废。作废公告应当采用在当地报纸刊登、电视媒体播放、农机监理机构办事大厅张贴或互联网网站公布等形式，公告内容应包括号牌号码、号牌种类、登记证书编号。在农机监理机构办事大厅张贴的公告，信息保留时间不得少于 60 日，在互联网网站公布的公告，信息保留时间不得少于 6 个月。

第三章 临时行驶号牌和检验合格标志核发

第一节 临时行驶号牌

第二十一条 办理核发临时行驶号牌业务的流程和具体事项为：

（一）登记审核岗审查所有人身份证明、拖拉机运输机组交通事故责任强制保险凭证。属于未销售的，还应当审查合格证或进口凭证；属于购买、调拨、赠予等方式获得后尚未注册登记的，还应当审查来历证明、合格证或进口凭证；属于科研、定型试验的，还应当审查科研、定型试验单位的书面申请和安全技术检验合格证明。符合规定的，受理申请，收存资料，确定临时行驶号牌号码。录入所有人的姓名或单位名称，身份证明名称与号码，拖拉机和联合收割机的类型、品牌、型号名称、发动机号码、底盘号/机架号、挂车架号码、临时行驶号牌号码和有效期限、通行区间、登记日期。签注并核发临时行驶号牌。

（二）档案管理岗收存下列资料归档：

1. 所有人身份证明复印件；

2. 拖拉机运输机组交通事故责任强制保险凭证复印件；

3. 属于科研、定型试验的，收存科研、定型试验单位的书面申请和安全技术检验合格证明。

第二节 检验合格标志

第二十二条 所有人应在检验有效期满前 3 个月内申领检验合格标志。办理核发检验合格标志业务的流程和具体事项为：

（一）查验岗审查行驶证，拖拉机运输机组还应当审查交通事故责任强制保险凭证；进行安全技术检验。符合规定的，在安全技术检验合格证明上签注。

（二）登记审核岗收存资料，录入检验日期和检验有效期截止日期；拖拉机运输机组还应录入交通事故责任强制保险的生效日期和终止日期。核发检验合格标志，在行驶证副页上签注检验记录。对行驶证副页签注信息已满的，收回原行驶证，核发新行驶证。

（三）档案管理岗收存下列资料：

1. 安全技术检验合格证明；

2. 拖拉机运输机组交通事故责任强制保险凭证；

3. 属于行驶证副页签注满后换发的，收存原行驶证。

第四章　补领、换领牌证和更正办理

第二十三条　办理补领登记证书业务的流程和具体事项为：

（一）登记审核岗审查《申请表》、所有人身份证明。核对计算机管理系统的信息，调阅档案，比对所有人身份证明。符合规定的，受理申请，收存资料，录入补领原因和补领日期。在《申请表》"登记审核岗签章"栏内签章。核发登记证书。

（二）档案管理岗核对计算机管理系统的信息，复核资料，将下列资料按顺序装订成册，存入档案：

1.《申请表》；

2. 所有人身份证明复印件。

第二十四条　办理换领登记证书业务的流程和具体事项为：

（一）登记审核岗审查《申请表》、所有人身份证明。符合规定的，受理申请，收存资料，录入换领原因和换领日期。在《申请表》"登记审核岗签章"栏内签章。收回原登记证书并销毁，核发新登记证书。

（二）档案管理岗核对计算机管理系统的信息，复核资料，将下列资料按顺序装订成册，存入档案：

1.《申请表》；

2. 所有人身份证明复印件。

第二十五条　被司法机关和行政执法部门依法没收并拍卖，或被仲裁机构依法仲裁裁决，或被人民法院调解、裁定、判决拖拉机和联合收割机所有权转移时，原所有人未向转移后的所有人提供登记证书的，按照本规范第二十三条办理补领登记证书业务，但登记审核岗还应当审查人民检察院、行政执法部门出具的未得到登记证书的证明或人民法院出具的《协助执行通知书》，并存入档案。属于所有人变更的，办理变更登记、转移登记的同时补发登记证书。

第二十六条　办理补领、换领号牌和行驶证业务的流程和具体事项为：

（一）登记审核岗审查《申请表》、所有人身份证明。符合规定的，受理申请，收存资料，录入补领、换领原因和补领、换领日期。在《申请表》"登记审核岗签章"栏内签章。收回未灭失、丢失或损坏的部分并销毁。属于补领、换领行驶证的，核发行驶证；属于补领、换领号牌的，核发号牌。不能及时核发号牌的，核发临时行驶号牌。

（二）档案管理岗核对计算机管理系统的信息，复核资料，将下列资料按顺序装订成册，存入档案：

1.《申请表》；

2. 所有人身份证明复印件。

第二十七条　补领、换领检验合格标志的，农机监理机构审查《申请表》和行驶证，核对登记信息，在安全技术检验合格和拖拉机运输机组交通事故责任强制保险有效期内的，补发检验合格标志。

第二十八条　办理登记事项更正业务的流程和具体事项为：

（一）登记审核岗核实登记事项，确属登记错误的，在《申请表》"登记审核岗签章"栏内签章。在计算机管理系统录入登记事项更正信息；签注登记证书，将登记证书交所有人。需要重新核发行驶证的，收回原行驶证并销毁，核发新行驶证；需要改变号牌号码的，收回原号牌、行驶证并销毁，确定新的号牌号码，核发新号牌、行驶证和检验合格标志。

（二）档案管理岗核对计算机管理系统的信息，复核资料，将《申请表》存入档案。

第五章　档案管理

第二十九条　农机监理机构应当建立拖拉机和联合收割机档案。

档案应当保存拖拉机和联合收割机牌证业务有关的资料。保存的资料应当按照本规范规定的存档资料顺序，按照国际标准 A4 纸尺寸，装订成册，装入档案袋，做到"一机一档"，按照号牌种类、号牌号码顺序存放。核发年度检验合格标志业务留存的相应资料可以不存入档案袋，按顺序排列，单独集中保管。

农机监理机构及其工作人员不得泄露拖拉机和联合收割机档案中的个人信息。任何单位和个人不得擅自涂改、故意损毁或伪造拖拉机和联合收割机档案。

第三十条　农机监理机构应当设置专用档案室（库），并在档案室（库）内设立档案查阅室。档案室（库）应当远离易燃、易爆和有腐蚀性气体等场所。配置防火、防盗、防高温、防潮湿、防尘、防虫鼠及档案柜等必要的设施、设备。

农机监理机构应当确定档案管理的专门人员和岗位职责，并建立相应的管理制度。

第三十一条　农机监理机构对人民法院、人民检察院、公安机关或其他行政执法部门、纪检监察部门以及公证机构、仲裁机构、律师事务机构等因办案需要查阅拖拉机和联合收割机档案的，审查其提交的档案查询公函和经办人工作证明；对拖拉机和联合收割机所有人查询本人的拖拉机和联合收割机档案的，审查其身份证明。

查阅档案应当在档案查阅室进行，档案管理人员应当在场。需要出具证明或复印档案资料的，需经业务领导批准。

除拖拉机和联合收割机档案迁出农机监理机构辖区以外的，已入库的档案原则上不得再出库。

第三十二条　农机监理机构办理人民法院、人民检察院、公安机关或其他行政执法部门依法要求查封、扣押拖拉机和联合收割机的，应当审查提交的公函和经办人的工作证明。

农机监理机构自受理之日起，暂停办理该拖拉机和联合收割机的登记业务，将查封信息录入计算机管理系统，查封单位的公函已注明查封期限的，按照注明的查封期限录入计算机管理系统；未注明查封期限的，录入查封日期。将公函存入拖拉机和联合收割机档案。农机监理机构接到原查封单位的公函，通知解封拖拉机和联合收割机档案的，应当立即予以解封，恢复办理该拖拉机和联合收割机的各项登记，将解封信息录入计算机管理系统，公函存入拖拉机和联合收割机档案。

拖拉机和联合收割机在人民法院民事执行查封、扣押期间，其他人民法院依法要求轮候查封、扣押的，可以办理轮候查封、扣押。拖拉机和联合收割机解除查封、扣押后，登记在先的轮候查封、扣押自动生效，查封期限从自动生效之日起计算。

第三十三条　已注册登记的拖拉机和联合收割机被盗抢，所有人申请封存档案的，登记审核岗审查《申请表》和所有人的身份证明，在计算机管理系统中录入盗抢时间、地点和封存时间，封存档案；所有人申请解除封存档案的，登记审核岗审查《申请表》和所有人的身份证明，在计算机管理系统中录入解除封存时间，解封档案。档案管理岗收存《申请表》和所有人的身份证明复印件。

第三十四条　农机监理机构因意外事件致使拖拉机和联合收割机档案损毁、丢失的，应当书面报告上一级农机监理机构，经书面批准后，按照计算机管理系统的信息补建拖拉机和联合收割机档案，打印该拖拉机和联合收割机在计算机系统内的所有记录信息，并补充拖拉机和联合收割机所有人身份证明复印件。

拖拉机和联合收割机档案补建完毕后，报上一级农机监理机构审核。上一级农机监理机构与计算机管理系统核对，并出具核对公函。补建的拖拉机和联合收割机档案与原拖拉机和联合收割机档案有同等效力，但档案资料内无上一级农机监理机构批准补建档案的文件和核对公函的除外。

第三十五条　拖拉机和联合收割机所有人在档案迁出办理完毕，但尚未办理转入前将档案损毁或丢失的，应当向迁出地农机监理机构申请补建档案。迁出地农机监理机构按照本规范第三十四条办理。

第三十六条　拖拉机和联合收割机档案按照以下分类确定保管期限：

（一）注销的拖拉机和联合收割机档案，保管期限为 2 年。

（二）被撤销登记的拖拉机和联合收割机档案，保管期限为 3 年。

（三）拖拉机和联合收割机年度检验资料，保管期限为 2 年。

（四）临时行驶号牌业务档案，保管期限为 2 年。

无上述情形的拖拉机和联合收割机档案，应长期保管。

拖拉机和联合收割机档案超出保管期限的可以销毁，销毁档案时，农机监理机构应当对需要销毁的档案登记造册，并书面报告上一级农机监理机构，经批准后方可销毁。销毁档案应当制作销毁登记簿和销毁记录；销毁登记簿记载档案类别、档案编号、注销原因、保管到期日期等信息；销毁记录记载档案类别、份数、批准机关及批准文号、销毁地点、销毁日期等信息，监销人、销毁人要在销毁记录上签字。销毁登记簿连同销毁记录装订成册，存档备查。

第六章　牌证制发

第三十七条　农业部农机监理机构负责牌证监制的具体工作，研究、起草和论证牌证相关标准，提出牌证防伪技术要求，对省级农机监理机构确定的牌证生产企业进行备案，分配登记证书印刷流水号，开展牌证监制工作培训，负责全国牌证订制和分发情况统计分析，向农业部报送年度工作报告。

第三十八条 省级农机监理机构负责制定本省（自治区、直辖市）牌证制发管理制度，规范牌证订制、分发、验收、保管等工作，将确定的牌证生产企业报农业部农机监理机构备案，按照相关标准对订制的牌证产品进行抽查，向农业部农机监理机构报送牌证制发年度工作总结。

第三十九条 拖拉机运输机组订制并核发两面号牌，其他拖拉机和联合收割机订制并核发一面号牌。

第七章 附 则

第四十条 登记审核岗按照下列方法录入信息。

（一）号牌号码：按照确定的号牌号码录入。

（二）登记证书编号：按照确定的登记证书编号录入。

（三）姓名（单位名称）、身份证明名称与号码、住址、联系电话、邮政编码、来历证明的名称和编号、转入地农机监理机构、保险公司的名称、合同号码、补领原因、换领原因、回收企业名称：按照提交的申请资料录入。

（四）类型、生产企业名称、品牌、型号名称、发动机号码、底盘号/机架号、挂车架号码、机身颜色、生产日期：按照合格证或进口凭证录入或按照查验岗实际核定的录入。手扶变型运输机按照手扶拖拉机运输机组录入。

（五）获得方式：根据获得方式录入"购买""继承""赠予""中奖""协议抵偿债务""资产重组""资产整体买卖""调拨""调解""裁定""判决""仲裁裁决""其他"等。

（六）日期：注册登记日期按照确定号牌号码的日期录入；变更登记日期、转入日期、转移登记日期、抵押/注销抵押登记日期、补领日期、换领日期、更正日期按照签注登记证书的日期录入；检验日期按照安全技术检验合格证明录入；临时行驶号牌有效期按照农机监理机构核准的期限录入；拖拉机运输机组交通事故责任强制保险的生效和终止日期按照保险凭证录入；注销登记日期、临时行驶号牌登记日期按照业务受理的日期录入；检验有效期至按照原检验有效期加1年录入。

（七）技术数据：按照合格证、进口凭证或有关技术资料和相关标准核定录入。功率单位为 kW，长度单位为 mm，质量单位为 kg，喂入量单位为 kg/s。

（八）注销原因：按照提交的申请资料或撤销决定书录入。

（九）处罚机关、处罚时间、决定书编号：根据撤销决定书录入。

（十）通行区间：按照农机监理机构核准的区间录入。

（十一）更正后内容：按照核实的正确内容录入。

第四十一条　登记审核岗按照下列方法签注相关证件。

（一）行驶证签注

1. 行驶证主页正面的号牌号码、类型、所有人、住址、底盘号/机架号、挂车架号码、发动机号码、品牌、型号名称、登记日期，分别按照计算机管理系统记录的相应内容签注；发证日期按照核发行驶证的日期签注。

2. 行驶证副页正面的号牌号码、拖拉机和联合收割机类型、住址，分别按照计算机管理系统记录的相应内容签注；检验记录栏内，加盖检验专用章并签注检验有效期的截止日期，或按照检验专用章的格式由计算机打印检验有效期的截止日期。

（二）临时行驶号牌签注

1. 临时行驶号牌正面：签注确定的临时行驶号牌号码。

2. 临时行驶号牌背面：

（1）所有人、机型、品牌型号、发动机号、底盘号/机架号、临时通行区间、有效期限：按照计算机管理系统记录的相应内容签注，起止地点间用"—"分开；

（2）日期：按照核发临时行驶号牌的日期签注。

（三）登记证书签注

1. 机身颜色，发动机、机身（底盘）、挂车变更

（1）居中签注"变更登记"；

（2）属于改变机身颜色的，签注"机身颜色："和变更后的机身颜色；

（3）属于更换发动机、机身（底盘）、挂车的，签注"发动机号码："和变更后的发动机号码；或"底盘号/机架号："和变更后的底盘号/机架号；或"挂车架号码："和变更后的挂车架号码；

（4）签注"变更登记日期："和变更登记的具体日期。

2. 更换整机

（1）居中签注"变更登记"；

（2）签注"机身颜色："和变更后的机身颜色；

（3）签注"发动机号码："和变更后的发动机号码；

（4）签注"底盘号/机架号："和变更后的底盘号/机架号；

（5）签注"挂车架号码："和变更后的挂车架号码；

（6）签注"生产日期："和变更后的生产日期；

（7）签注"注册登记日期："和变更后的注册登记的具体日期；

（8）签注"变更登记日期："和变更登记的具体日期。

3. 迁出农机监理机构管辖区

（1）居中签注"变更登记"；

（2）签注"居住地："和变更后的住址；

（3）签注"转入地农机监理机构名称："和转入地农机监理机构的具体名称；

（4）签注"变更登记日期："和变更登记的具体日期。

4. 转入业务

签注登记证书的转入登记摘要信息栏：在登记证书的转入登记

摘要信息栏的相应栏目内签注所有人的姓名或单位名称、身份证明名称与号码、登记机关名称、转入日期、号牌号码。

5.共同所有人姓名变更登记

（1）居中签注"变更登记"；

（2）签注"姓名/名称："和现所有人的姓名或单位名称；

（3）签注"身份证明名称/号码："和现所有人身份证明的名称和号码；

（4）属于变更后所有人居住地不在农机监理机构管辖区域内的，签注"转入地农机监理机构名称："和转入地农机监理机构的具体名称；

（5）签注"变更登记日期："和变更登记的具体日期。

6.居住地在管辖区域内迁移、所有人的姓名或单位名称、身份证明名称或号码变更

（1）居中签注"变更登记"；

（2）属于居住地在管辖区域内迁移的，签注"居住地："和变更后的住址；

（3）属于变更所有人的姓名或单位名称的，签注"姓名/名称："和变更后的所有人的姓名或单位名称；

（4）属于变更所有人身份证明名称、号码的，签注"身份证明名称/号码："和变更后的身份证明的名称和号码；

（5）属于变更后所有人居住地不在农机监理机构管辖区域内的，签注"转入地农机监理机构名称："和转入地农机监理机构的具体名称；

（6）签注"变更登记日期："和变更登记的具体日期。

7.转移登记

（1）居中签注"转移登记"；

（2）签注"姓名/名称："和现所有人的姓名或单位名称；

（3）签注"身份证明名称/号码："和现所有人身份证明的名称

和号码；

（4）签注"获得方式："和拖拉机和联合收割机的获得方式；

（5）属于现所有人不在农机监理机构管辖区域内的，签注"转入地农机监理机构名称："和转入地农机监理机构的具体名称；

（6）签注"转移登记日期："和转移登记的具体日期。

8. 抵押登记

（1）居中签注"抵押登记"；

（2）签注"抵押权人姓名/名称："和抵押权人姓名（单位名称）；

（3）签注"身份证明名称/号码："和抵押权人身份证明的名称和号码；

（4）签注"抵押登记日期："和抵押登记的具体日期。

9. 注销抵押登记

（1）居中签注"抵押登记"；

（2）签注"注销抵押日期："和注销抵押的具体日期。

10. 补领登记证书

按照计算机管理系统的记录在登记证书上签注已发生的所有登记事项，并签注登记证书的登记栏：

（1）居中签注"补领登记证书"；

（2）签注"补领原因："和补领的具体原因；

（3）签注"补领次数："和补领的具体次数；

（4）签注"补领日期："和补领的具体日期。

11. 换领登记证书

按照计算机管理系统的记录在登记证书上签注已发生的所有登记事项；对登记证书签注满后申请换领的，签注注册登记时的有关信息、现所有人的有关信息和变更登记的有关信息；签注登记证书的登记栏：

（1）居中签注"换领登记证书"；

（2）签注"换领日期："和换领的具体日期。

12. 登记事项更正

（1）居中签注"登记事项更正"；

（2）逐个签注"更正事项名称更正为："和更正后的事项内容；

（3）签注"更正日期："和更正的具体日期。

第四十二条　办理登记业务时，所有人为单位的，应当提交"统一社会信用代码"证照的复印件、加盖单位公章的委托书和被委托人身份证明作为所有人身份证明。

第四十三条　由代理人代理申请拖拉机和联合收割机登记和相关业务的，农机监理机构应当审查代理人的身份证明，代理人为单位的还应当审查经办人的身份证明；将代理人和经办人的身份证明复印件、拖拉机和联合收割机所有人的书面委托书存入档案。

第四十四条　农机监理机构在办理变更登记、转移登记、抵押登记、补领、换领牌证和更正业务时，对超过检验有效期的拖拉机和联合收割机，查验岗应当进行安全技术检验。

第四十五条　所有人未申领登记证书的，除抵押登记业务外，可不审查和签注登记证书。

第四十六条　本规范规定的"证件专用章"由农业机械化主管部门制作；本规范规定的各类表格、业务专用章、个人专用名章由农机监理机构制作。

第四十七条　本规范未尽事项，由省（自治区、直辖市）农业机械化主管部门负责制定。

第四十八条　本规范自 2018 年 6 月 1 日起施行。2004 年 10 月 26 日公布的《拖拉机登记工作规范》、2007 年 3 月 16 日公布的《联合收割机登记工作规范》、2008 年 10 月 8 日公布的《拖拉机联合收割机牌证制发监督管理办法》和 2013 年 1 月 29 日公布的《拖拉机、联合收割机牌证业务档案管理规范》同时废止。

附录6 农机安全监理人员管理规范

第一章 总 则

第一条 为规范农机安全监理人员的管理，建设高素质的农机安全监理人员队伍，制定本规范。

第二条 本办法所称农机安全监理人员，是指各级农机安全监理机构依法履行农机安全监理工作职责，在编、在岗的工作人员，包括检验员、考试员、事故处理员和其他管理人员。

第三条 各级农机安全监理机构配备的农机安全监理人员应当满足岗位设置要求，与所承担的工作任务相适应。

第二章 职责和条件

第四条 检验员执行《拖拉机登记规定》《联合收割机及驾驶人安全监理规定》及其规范性文件的规定，按照国家、行业标准的要求，负责农业机械的安全技术检验，签署检验报告并对检验结果负责。应当具备下列条件：

（一）熟悉农机安全生产方面的法律、法规和规章；

（二）熟练掌握农业机械安全技术检验标准；

（三）掌握正确使用安全技术检验装备（设备）的方法；

（四）具备农机安全生产基本常识；

（五）具有大专以上文化程度，从事农机安全监理工作2年以上；

（六）持有拖拉机、联合收割机驾驶证，并有2年以上安全驾驶经历。

第五条 考试员按照《拖拉机驾驶证申领和使用规定》《联合收割机及驾驶人安全监理规定》和有关规范性文件的规定和要求，负责农业机械驾驶（操作）人的考试，签署考试成绩单。应当具备下列条件：

（一）熟悉农机安全生产方面的法律、法规和规章；

（二）熟练操作农业机械驾驶人考试系统软件及考试设备；

（三）熟悉农业机械常识和农机安全操作规程；

（四）具备农机安全生产基本常识；

（五）具有大专以上文化程度，从事农机安全监理工作 2 年以上；

（六）持有拖拉机、联合收割机驾驶证，并有 3 年以上安全驾驶经历。

第六条　事故处理员按照农机事故处理规章的规定和要求，负责农机事故的报案受理、现场勘察、调查取证、责任认定和损害赔偿调解，签署农机事故处理文书。应当具备下列条件：

（一）熟悉农机安全生产方面的法律、法规和规章；

（二）熟练操作农机事故勘察设备；

（三）熟悉农业机械常识和农机安全操作规程；

（四）熟悉农机安全生产隐患排查与事故防范措施；

（五）熟悉农机事故应急救援及预案程序；

（六）熟悉农机事故统计、报告制度；

（七）具有大专以上文化程度，从事农机安全监理工作 2 年以上；

（八）持有拖拉机、联合收割机驾驶证，并有 2 年以上安全驾驶经历。

第七条　其他管理人员应当具备下列条件：

（一）熟悉农机安全生产方面的法律、法规、规章和规范性文件；

（二）熟悉农机安全监理业务知识；

（三）掌握农业机械常识和农机安全生产基本常识；

（四）掌握农机安全操作规程和农业机械驾驶操作技能；

（五）法律、法规和规章规定的其他条件。

第八条　农机安全监理人员应当经省级农机安全监理机构培训考试合格，领取农机安全监理证（以下简称监理证）后，上岗从事相关监理业务工作。监理证应当载明可从事的业务岗位。

从事农机行政执法的人员必须持有行政执法证。

第三章　考　核

第九条　农业部制定统一的农机安全监理人员培训考核大纲、考核办法。

第十条　省级农机安全监理机构负责组织本辖区农机安全监理人员培训、考试和监理证核发。

第十一条　农业部农机监理总站负责编制培训教材，组织省级农机安全监理机构的师资培训。

第十二条　各级农机安全监理机构应当组织农机安全监理人员参加业务培训，更新业务知识，提高工作能力。

第四章　证　　件

第十三条　监理证式样和规格按农业行业标准执行，由省级农机安全监理机构组织制作、核发、审验。

第十四条　农机安全监理人员申请办理监理证应当填写《农机安全监理证审批表》，经本级农机安全监理机构审核同意后，逐级报至省级农机安全监理机构审查。

省级农机安全监理机构应当建立农机监理人员管理档案。

第十五条　考试员、检验员、事故处理员所持监理证，每4年审验一次。审验内容包括：工作考核情况、违法违纪或重大工作过失情况等。

第十六条　持证人应妥善保管监理证，不得损毁或者转借他人。监理证遗失的，应及时向发证机构申请补证；监理证严重损坏或者载明信息发生变化的，应向发证机构申请换证，发证机构在办理换证时收回原证件。

第十七条　持证人有下列情形之一的，所在单位应收回监理证，并逐级上缴发证机构注销：

（一）调离农机安全监理机构的；

（二）辞去公职或者被开除公职的；

（三）审验不合格的。

第五章　监　督

第十八条　农机安全监理人员在执行公务时，应着装整齐、佩戴标志、持证上岗，规范执法，文明执法。

第十九条　农机安全监理人员不得有下列行为：

（一）违规发放农业机械登记证书、号牌、行驶证、检验合格标志；

（二）为不符合驾驶许可条件、未经考试或考试不合格人员发放农业机械驾驶证；

（三）迟报、漏报、谎报或者瞒报农机事故；

（四）不公正处理农机事故；

（五）违法扣留拖拉机、联合收割机及其号牌、行驶证、驾驶证；

（六）依法收取农机监理费或实施罚款时，不开具统一收费或罚没票据；

（七）利用职务上的便利收受他人财物或者谋取其他利益；

（八）推诿刁难、态度恶劣；

（九）伪造、变造、倒卖牌证；

（十）不履行农机安全监理职责的其他行为。

有第（一）、（二）、（三）、（四）、（十）项行为，情节严重的，依法予以行政处分并吊销监理证；有第（五）、（六）、（七）、（八）项行为，予以吊销监理证，给当事人造成损失的，依法承担赔偿责任；有第（九）项行为，涉嫌犯罪的，吊销监理证并依法追究刑事责任。

第二十条　遇到可能影响公正执行公务的情况，农机安全监理人员应当执行国家有关的回避制度。

第二十一条　各级农机化主管部门应当加强对农机安全监理人员的管理、监督，定期了解辖区内农机安全监理人员的变动情况，对在农机安全生产工作中表现突出、成绩显著的农机安全监理人员，依照国家有关规定进行表彰奖励。

第六章　附　　则

第二十三条　本规范自公布之日起施行，1992 年 11 月 13 日农业部农机化管理司颁布的《农机监理员管理办法》同时废止。

附录7　相关标准

序号	标准名称	适用范围
1	《农机安全监理证证件》NY 1918—2010	本标准适用于农机安全监理证证件的制作、质量检验和管理
2	《拖拉机和联合收割机安全检验技术规范》NY/T 1830—2019	本标准适用于对拖拉机和联合收割机进行安全技术检验
3	《拖拉机号牌》NY 345.1—2005	本标准适用于拖拉机号牌的制作、质量检验
4	《联合收割机号牌》NY 345.2—2005	本标准适用于联合收割机号牌的制作、质量检验
5	《拖拉机和联合收割机行驶证》NY/T 347—2018	本标准适用于农业机械化主管部门依法核发的拖拉机和联合收割机行驶证的生产和检验
6	《拖拉机和联合收割机检验合格标志》NY/T 3215—2018	本标准适用于拖拉机和联合收割机检验合格标志
7	《拖拉机号牌座设置技术要求》NY 2187—2012	本标准适用于轮式拖拉机、拖拉机运输机组、手扶拖拉机和履带拖拉机
8	《联合收割机号牌座设置技术要求》NY 2188—2012	本标准适用于自走式收获机械
9	《农业机械机身反光标识》NY/T 2612—2014	本标准适用于拖拉机、拖拉机运输机组、挂车及联合收割机
10	《农业机械出厂合格证 拖拉机和联合收割（获）机》NY/T 3118—2017	本标准适用于拖拉机、联合收割（获）机出厂合格证（以下简称出厂合格证）的制作和注册登记使用。其他自走式农业机械的出厂合格证可参照执行

图书在版编目（CIP）数据

拖拉机和联合收割机安全技术检验及装备／农业农
村部农业机械化总站编．—北京：中国农业出版社，
2022.11

ISBN 978-7-109-30226-6

Ⅰ．①拖… Ⅱ．①农… Ⅲ．①拖拉机－安全检查 ②联
合收获机－安全检查 Ⅳ．①S219 ②S225.3

中国版本图书馆 CIP 数据核字（2022）第 218371 号

中国农业出版社出版

地址：北京市朝阳区麦子店街 18 号楼
邮编：100125
责任编辑：郭银巧　文字编辑：刘金华
版式设计：杨　婧　责任校对：吴丽婷
印刷：中农印务有限公司
版次：2022 年 11 月第 1 版
印次：2022 年 11 月北京第 1 次印刷
发行：新华书店北京发行所
开本：880mm×1230mm　1/32
印张：6
字数：160 千字
定价：45.00 元